AF391502

TRAITÉ DE GÉOMÉTRIE DESCRIPTIVE

(Première partie)

Le Traité de Géométrie descriptive de M. **Chollet**, illustré de 148 figures et épures dans le texte, avec 2 planches hors texte, se vend. . . . . 4 fr.   ''

On vend séparément :

I. *Classes de Première* C *et* D (Géométrie descriptive et cotée). . . . . 2 fr.   »

II. *Classes de Mathématiques* A *et* B (Géométrie descriptive et Compléments de Géométrie)   2 fr. 50

TRAITÉS DE MATHÉMATIQUES

à l'usage des élèves des classes de sciences et des aspirants aux Baccalauréats, avec des *Compléments* destinés aux candidats aux Ecoles du Gouvernement. — Volumes 22/14cm, brochés :

Arithmétique, par E. Humbert, professeur agrégé au lycée Louis-le-Grand, 3e édition. . . . . 5 fr.   »

Algèbre (classes de Mathématiques A et B), par A. Grévy, docteur ès sciences, professeur agrégé au lycée Saint-Louis. . . . . 6 fr.   »

Géométrie (classes de Mathématiques A et B), par A. Grévy.   6 fr.   »

Géométrie descriptive, par T. Chollet, professeur agrégé au lycée d'Orléans. — Volume avec figures et épures dans le texte . . 4 fr.   »

   I. Classes de Première C et D, 3e édition. . . . . 2 fr.   »

   II. Classes de Mathématiques A et B, 2e édition . . . . . . 2 fr. 50

Mécanique, par C. Guichard, professeur à l'Université de Clermont. — Volume avec fig. dans le texte. . . . . 3 fr. 50

   I. *Cinématique* (classes de Première C et D), 4e édition. . . 1 fr. 50

   II. *Cinématique, Statique et Dynamique* (cl. de Math. A et B).   2 fr. 50

Cosmographie, par A. Grignon. — Volume illustré de 167 gravures, avec 11 magnifiques planches hors texte et carte céleste. . . . . . 3 fr. 50

   I. Classes de Première C et D, 3e édition . . . . 2 fr.   »

   II. Classes de Mathématiques A et B, 2e édition. . . . . . . 2 fr.   »

Trigonométrie rectiligne, par E. Dessenon, professeur agrégé au lycée Saint-Louis, 4e édition. 3 fr.   »

Traité d'Algèbre élémentaire avec des *Compléments*, à l'usage des élèves de Mathématiques élémentaires et de Mathématiques élémentaires supérieures, par N. Con, professeur agrégé au lycée Saint-Louis, et J. Riemann, professeur agrégé au lycée Louis-le-Grand, docteur ès sciences. — Vol. 22/14cm. . . . . 6 fr.   »

Traité de Géométrie, par G. Guichard, Membre correspondant de l'Institut, professeur à l'Université de Clermont. — 2 vol., pris ensemble   10 fr.   »

On vend séparément :

Géométrie élémentaire (plane et dans l'espace), 2e édition. . . 5 fr.   »

Compléments . . . . 6 fr.   »

Éléments de Méthodologie Mathématique, *à l'usage de tous ceux qui s'occupent de mathématiques élémentaires*, par M. Dauzat, inspecteur d'Académie. — Un vol. 22/14cm de 1100 pages, avec figures. . 10 fr.   »

Méthodes de Résolution et de Discussion des Problèmes de Géométrie, par G. Lemaire. — Vol. 22/14cm de 224 pages. . 2 fr. 50

TRAITÉ

DE

GÉOMÉTRIE DESCRIPTIVE

PAR

T. CHOLLET

ANCIEN ÉLÈVE DE L'ÉCOLE NORMALE SUPÉRIEURE

AGRÉGÉ DES SCIENCES MATHÉMATIQUES

PROFESSEUR AU LYCÉE D'ORLÉANS

PREMIÈRE PARTIE

A L'USAGE

des Élèves des Classes de Première C et D.

TROISIÈME ÉDITION

PARIS

VUIBERT ET NONY, ÉDITEURS

63, BOULEVARD SAINT-GERMAIN, 63

1906

(Tous droits réservés.)

PROGRAMME OFFICIEL

Insuffisance du dessin ordinaire pour la représentation des corps. — Nécessité
d'une méthode géométrique qui, par des constructions graphiques exécu-
tées sur un seul et même plan, fasse connaître la forme et la position
d'une figure.

Projection d'un point, d'une droite, d'une ligne quelconque, sur un plan.

Projections sur un plan horizontal. — Nécessité d'un autre élément de construction. — Cote. La cote peut être figurée sur une ligne droite verticale
ou bien être représentée par un nombre. De là deux méthodes différentes.

Développement de la première méthode par l'emploi d'un plan vertical de
projection.

Représentation d'un point, d'une droite, d'une ligne quelconque, par leurs
projections horizontale et verticale.

Détermination d'une droite par ses traces horizontale et verticale. Angle
d'une droite avec le plan horizontal de projection. — Pente d'une droite.
— Droites parallèles. Droites concourantes. — Reconnaître si deux droites
données par leurs projections sont concourantes.

Représentation d'un plan par ses traces horizontale et verticale. Déterminer
ces traces quand on connaît trois points du plan — ou bien deux droites
du plan — ou bien une droite et un point.

Utilité particulière de la considération des horizontales d'un plan. — Connaissant la projection horizontale d'un point d'un plan, trouver la projection verticale de ce point. — Étant données les projections d'un point,
reconnaître si le point est au-dessus ou au-dessous du plan. — Connaissant
la projection horizontale d'une droite d'un plan, trouver sa projection
verticale.

Lignes de plus grande pente d'un plan, leur relation avec les horizontales.
— Angle d'un plan avec le plan horizontal en construisant en vraie grandeur le triangle rectangle qui a pour hypoténuse une portion de ligne de
plus grande pente et pour côté de l'angle droit la projection horizontale
de cette portion de ligne. — Pente d'un plan.

Plans parallèles. — Mener par un point un plan parallèle à un plan donné.

Intersection de deux ou de trois plans.

Intersection d'une droite et d'un plan. — Reconnaître sur une épure si une
droite donnée est dans un plan donné. — Mener par un point une droite
s'appuyant sur deux droites données. — Mener par un point une droite
parallèle à un plan donné et s'appuyant sur une droite donnée. — Mener
une droite de direction donnée et s'appuyant sur deux droites données.

Droite et plan perpendiculaires. — Condition nécessaire et suffisante pour
qu'un angle droit se projette sur un plan suivant un angle droit. — Mener par un point une droite perpendiculaire à un plan donné. — Mener
par un point un plan perpendiculaire à une droite donnée. — Abaisser
d'un point une droite perpendiculaire sur une droite donnée.

Développement de la seconde méthode, par l'emploi de cotes numériques.

Représentation d'un point par sa projection horizontale et sa cote. — Représentation d'une droite. — Graduation. — Pente. — Intervalle.

Rabattement d'une figure autour d'une horizontale ou d'une droite de front.
— Représentation d'un plan. — Ligne de pente. — Échelle de pente.

Projection d'un cercle. — Étude sommaire de la sphère. — Reprendre par
cette méthode les problèmes déjà traités par la méthode des deux projections.

TRAITÉ

DE

GÉOMÉTRIE DESCRIPTIVE

NOTIONS PRÉLIMINAIRES

---

§ 1.

Objet de la géométrie descriptive.

1. En regardant une photographie ou un dessin exécuté d'après les règles ordinaires de la perspective, on n'aperçoit qu'une partie des objets représentés. Par exemple, le croquis d'une maison ne laisse voir que la façade : la distribution intérieure des pièces, leurs dimensions restent cachées aux yeux qui regardent le croquis. Le dessin ordinaire est donc insuffisant pour représenter complètement les corps.

La géométrie descriptive remédie à cette insuffisance ; elle permet, par l'application des principes et des théorèmes de la géométrie proprement dite, et grâce à certaines conventions simples, d'exécuter des dessins d'après lesquels on peut se rendre compte des moindres détails des objets représentés et calculer leurs dimensions.

2. Avant d'aborder la géométrie descriptive, nous rappellerons les principes de géométrie qui seront plus particulièrement utiles dans la suite.

§ II.

Projections des figures sur un plan.

3. **Définitions.** — On appelle *projection* d'un point A sur un plan P le pied a de la perpendiculaire abaissée de ce point sur le plan (*fig.* 1).

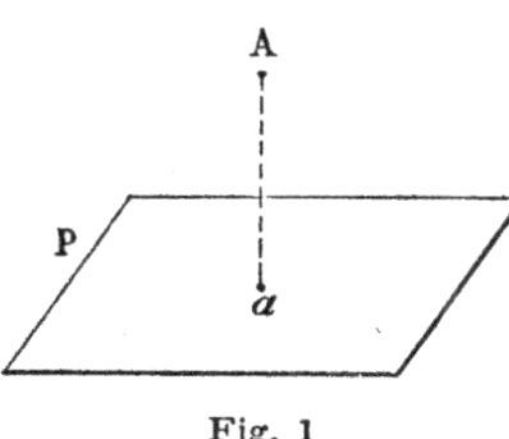

Fig. 1

La perpendiculaire Aa est appelée la *projetante* du point A.

Si le point A appartient au plan P, il coïncide évidemment avec sa projection.

La projection sur un plan P d'une ligne quelconque (L) de l'espace est le lieu géométrique des projections a, b, c,... sur le plan P des divers points A, B, C,... de cette ligne (*fig.* 2); les points a, b, c,... forment généralement une ligne continue (l) qui est dite la projection de la ligne (L) sur le plan P.

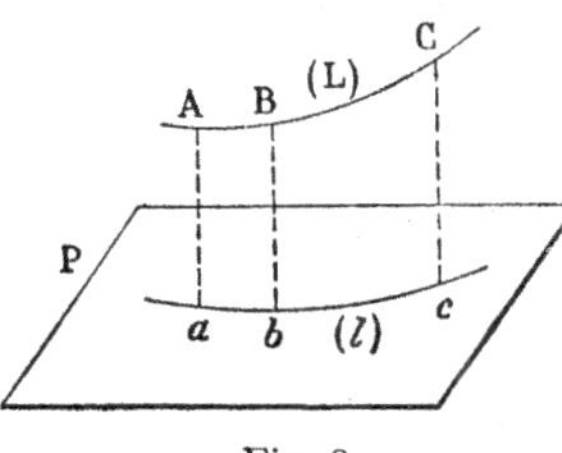

Fig. 2

4. **Théorème.** — *La projection d'une droite sur un plan est, en général, une droite.*

En effet, les projetantes Aa, Bb, Mm,... des divers points de la droite AB (*fig.* 3) sont parallèles entre elles, puisqu'elles sont toutes perpendiculaires au plan de projection P; elles appartiennent donc au plan déterminé par la droite AB et l'une d'entre elles, Aa par exemple; par suite, le lieu de leurs points de rencontre avec le plan P est la droite ab suivant laquelle ce plan coupe le plan P.

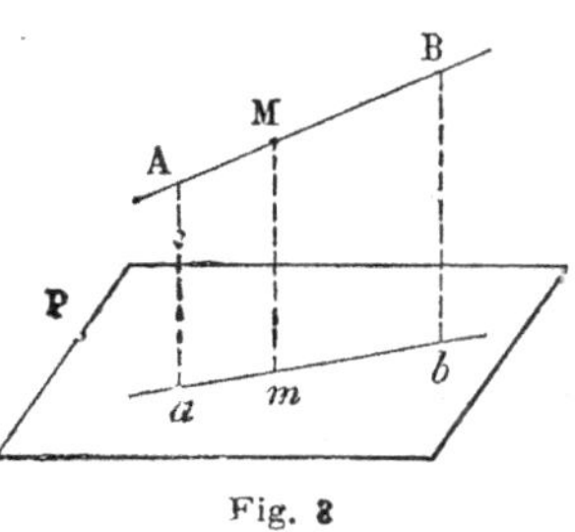

Fig. 3

Le plan AabB, qui est le lieu géométrique des projetantes des divers points de la droite AB, est appelé le *plan projetant* cette droite; on peut dire alors que la

projection d'une droite sur un plan est l'intersection du plan de
projection avec le plan projetant la droite.

5. Remarques. — I. Lorsque la droite AB est perpendiculaire
au plan de projection P (*fig.* 4), elle
est elle-même la projetante de tous ses
points A, B, M,... : sa projection se
réduit alors au point *a* où elle perce le
plan P.

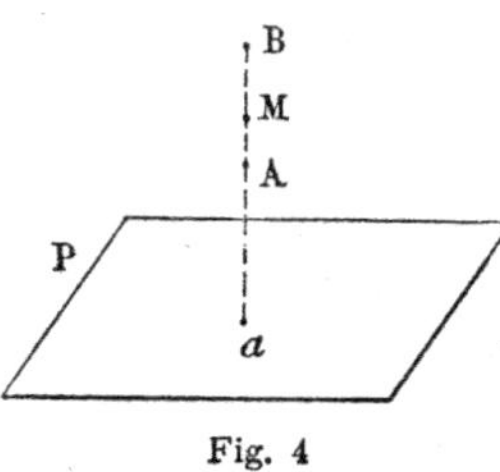

Fig. 4

II. Lorsqu'une droite AB n'est pas
perpendiculaire au plan de projection
(*fig.* 5), sa projection est la droite *ab*
qui joint les projections de deux points
quelconques A et B de cette droite, et le segment *ab* est dit la
projection du segment AB.

Si la droite AB n'est ni parallèle ni perpendiculaire au plan P,
(*fig.* 5) elle coupe ce plan en un
point O qui est à lui-même sa projection ; il en résulte que la projection *ab* de la droite AB passe par
le point O.

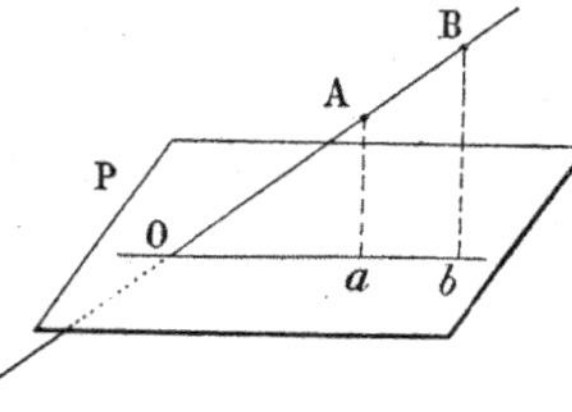

Fig. 5

III. Si la droite AB est parallèle
au plan P (*fig.* 6), sa projection *ab* lui est parallèle, car tout
plan passant par AB, et, en particu-
lier, le plan projetant cette droite,
coupe le plan P suivant une droite
parallèle à AB.

Dans ce cas, tout segment AB de
la droite est égal à sa projection *ab*,
car la figure AB*ba* est un rectangle
et les côtés opposés AB et *ab* de ce
rectangle sont égaux.

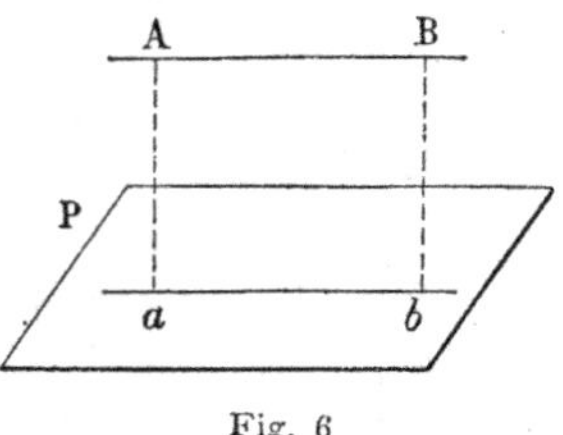

Fig. 6

6. Théorème. — *Les projections sur un même plan de deux
droites parallèles sont des droites parallèles.*

Soient AB, CD deux droites parallèles dans l'espace, *ab*, *cd*,
leurs projections sur un plan P (*fig.* 7) ; les plans projetant
respectivement les deux droites AB et CD sont parallèles, car le
premier est déterminé par la droite AB et la projetante A*a*,

droites respectivement parallèles à CD et à la projetante C*c*, qui déterminent le second. Ces plans étant parallèles, leurs intersections *ab* et *cd* avec le plan P sont des droites parallèles.

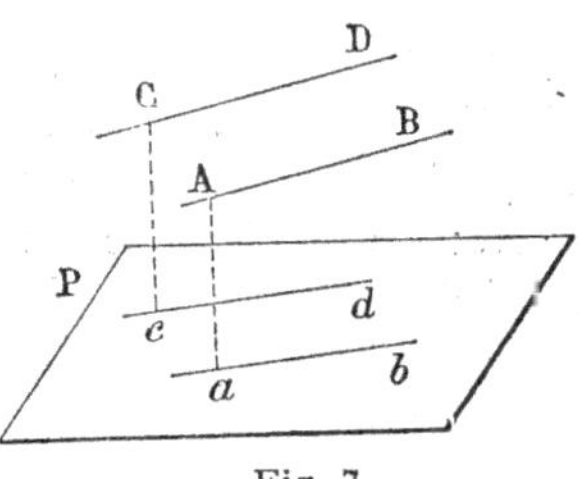

Fig. 7

REMARQUE. — Le théorème précédent est évidemment en défaut lorsque les droites AB et CD sont perpendiculaires au plan P, puisque leurs projections se réduisent dans ce cas à deux points *a* et *c*.

7. Théorème· — *Le rapport de deux segments parallèles est égal au rapport de leurs projections sur un même plan.*

Soient AB, CD deux segments parallèles, *ab, cd* leurs projections sur un plan P. D'abord, si les segments AB et CD sont parallèles au plan P, on a AB $= ab$, CD $= cd$ (5, III), et la proportion $\dfrac{AB}{CD} = \dfrac{ab}{cd}$ est évidente.

Supposons maintenant que les segments AB et CD ne soient ni parallèles, ni perpendiculaires au plan de projection (*fig.* 8); dans le plan AB*ba* projetant le segment AB, menons AA′ parallèle à *ab*; de même, dans le plan CD*dc* projetant CD, menons CC′ parallèle à *cd*; dans les rectangles AA′*ba* et CC′*dc* on a AA′ $= ab$, CC′ $= cd$. D'autre part, *ab* et *cd* sont parallèles (6), par suite AA′ et CC′ sont aussi parallèles, et les triangles rectangles ABA′, CDC′

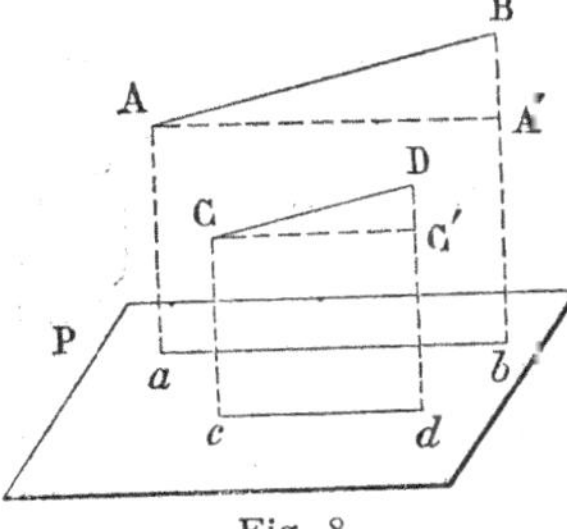

Fig. 8

sont semblables comme ayant leurs côtés parallèles; on a donc

$$\frac{AB}{CD} = \frac{AA'}{CC'}, \qquad ou \qquad \frac{AB}{CD} = \frac{ab}{cd}.$$

Si les segments AB, CD sont situés sur la même droite, la démonstration est la même.

8. Corollaire. — *Les projections sur un même plan de deux segments égaux portés par une même droite ou par des droites parallèles sont des segments égaux.*

En effet, si les segments parallèles AB, CD sont égaux, AB = CD,

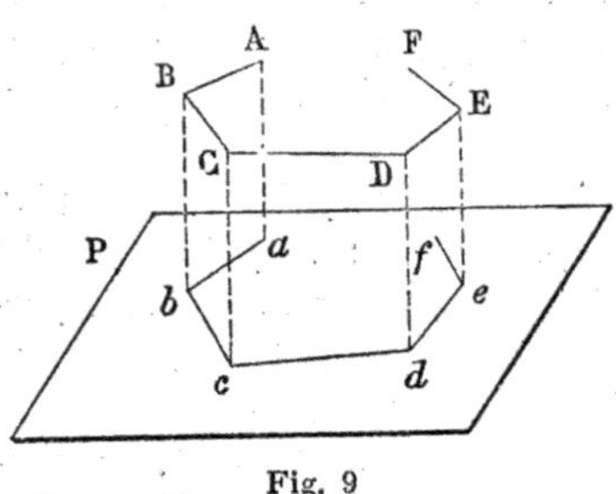

Fig. 9

la proportion $\dfrac{AB}{CD} = \dfrac{ab}{cd}$ entraîne $ab = cd$.

9. La projection d'une ligne brisée ABCD... de l'espace est une ligne brisée *abcd...,* dont les sommets sont les projections des sommets de la première (*fig.* 9).

La projection d'une ligne courbe est généralement une ligne courbe (*fig.* 2).

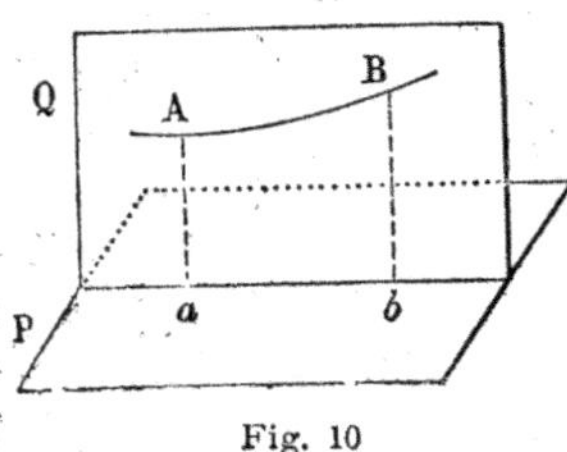

Fig. 10

REMARQUE. — Lorsqu'une ligne, brisée ou courbe, est *plane et contenue dans un plan* Q *perpendiculaire au plan de projection* P (*fig.* 10), les projetantes Aa, Bb,... des divers points de cette ligne appartiennent toutes au plan Q ; les projections de ces points sont donc situées sur la droite ab suivant laquelle le plan Q coupe le plan P, et la droite ab est la projection de la ligne considérée.

§ III.

Méthodes de la géométrie descriptive.

10. Nous avons vu que, lorsqu'on se donne un point de l'espace, sa projection sur un plan *donné* est déterminée.

La réciproque n'est pas vraie : si on se donne la projection a sur un plan P d'un point de l'espace, *ce point n'est pas déterminé ; on sait simplement qu'il se trouve sur la perpendiculaire élevée en* a *au plan* P, autrement dit on connaît sa projetante ; de là la nécessité d'un second élément de construction qui achèvera de déterminer complètement le point.

On peut, par exemple, se donner une deuxième projection du point sur un *deuxième plan de projection non parallèle au pre-*

mier, ce qui permettra de connaître *une deuxième projetante du point, non parallèle à la première ;* ces deux projetantes pourront alors, sous certaines conditions que nous examinerons plus loin, se rencontrer ; leur point d'intersection sera le point cherché.

On peut aussi adjoindre à la projection *a* du point sur un plan la distance de ce point au plan de projection ; le point cherché est alors situé sur la perpendiculaire élevée en *a* au plan de projection à une distance du point *a* égale à la distance donnée ; cette distance pouvant être portée dans deux sens différents à partir du point *a,* pour faire disparaître toute ambiguïté, on convient d'affecter du signe + les distances des points situés d'un certain côté du plan de projection, du **signe —** les distances des points situés de l'autre côté.

De là deux méthodes pour définir un point de l'espace :

1° la *méthode des deux plans de projection,* qui constitue la *Géométrie descriptive* proprement dite ;

2° la *méthode des plans cotés* ou *Géométrie cotée.*

Ces deux méthodes ne sont pas d'ailleurs essentiellement distinctes ; pour les appliquer l'une et l'autre, on fait appel aux mêmes théorèmes de géométrie, théorèmes dont la démonstration est évidemment indépendante de l'application qu'on en peut faire. Si les deux systèmes sont employés concurremment, c'est que certaines constructions sont plus simples en Géométrie cotée qu'en Géométrie descriptive ordinaire, que d'autres, au contraire, se font plus rapidement en appliquant la méthode des deux plans de projection qu'en se servant de la méthode des plans cotés. Au surplus, nous verrons qu'il est aisé, connaissant la représentation d'une figure dans l'un des systèmes, de passer à sa représentation dans l'autre.

11. Généralement, lorsqu'on fait usage de deux plans de projection, ces plans sont supposés, l'un horizontal, l'autre vertical, ce qui exige qu'ils soient perpendiculaires entre eux. De même, dans le système des plans cotés le plan de projection est supposé horizontal ; cela tient à ce que, dans les applications pratiques de la géométrie descriptive (stéréotomie, charpente, levé de plans, etc.), les plans de projection sont effectivement horizontaux ou verticaux.

GÉOMÉTRIE DESCRIPTIVE
A DEUX PLANS DE PROJECTION

CHAPITRE I
LE POINT

§ I.

Projections d'un point.

12. Plans de projection. Ligne de terre. — En géométrie descriptive, on emploie, comme nous l'avons dit, deux plans de projection rectangulaires; l'un, HH′, est appelé *plan horizontal,* l'autre, VV′, est le *plan vertical (fig.* 11); leur droite d'intersection prend le nom de *ligne de terre;* on la représente généralement par la notation xy.

La ligne de terre partage le plan horizontal et le plan vertical, chacun en deux demi-plans :

le demi-plan Hxy constitue la *région antérieure* du plan horizontal,

    —   H′xy —   la *région postérieure*   —

    —   Vxy —   la *région supérieure* du plan vertical,

    —   V′xy —   la *région inférieure*   —

Les plans de projection déterminent quatre dièdres droits :

    le dièdre HxyV   est appelé *premier dièdre,*

    —   H′xyV   —   *deuxième dièdre,*

    —   H′xyV′   —   *troisième dièdre,*

    —   HxyV′   —   *quatrième dièdre.*

Le plan bissecteur du 1er et du 3e dièdres est appelé *premier plan bissecteur*, le plan bissecteur du 2e et du 4e dièdres est le *deuxième plan bissecteur*.

13. Projections d'un point. Épure du point. — Soient A un point quelconque de l'espace, a sa projection sur le plan horizontal, a_1 sa projection sur le plan vertical (*fig.* 11). Le plan

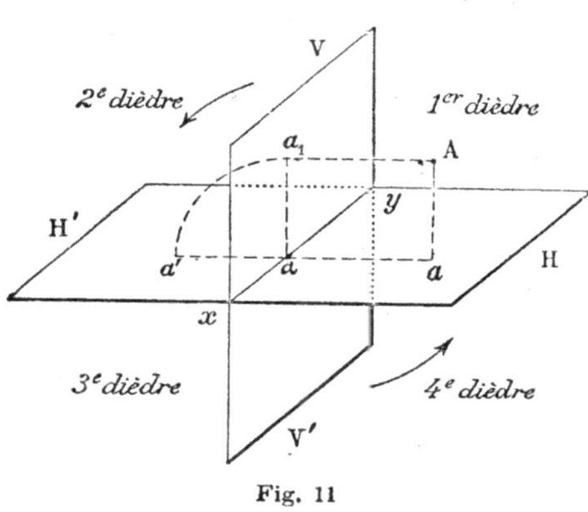

Fig. 11

aAa_1 contenant les perpendiculaires Aa et Aa_1 aux deux plans de projection est perpendiculaire simultanément à ces deux plans, et par suite perpendiculaire aussi à leur intersection xy ; soit alors α le point de rencontre de la ligne de terre et du plan aAa_1; les deux droites αa, αa_1 étant contenues dans le plan aAa_1 et passant par le pied de la perpendiculaire xy à ce plan sont elles-mêmes perpendiculaires à xy.

Rabattons maintenant le plan vertical sur le plan horizontal en le faisant tourner autour de la ligne de terre, et supposons que la rotation s'effectue dans le sens indiqué sur la figure par les flèches, de manière qu'après le rabattement la région supérieure du plan vertical vienne s'appliquer sur la région postérieure du plan horizontal, tandis que la région inférieure du plan vertical vient coïncider avec la région antérieure du plan horizontal. Pendant la rotation, le point α, qui est sur la charnière xy, ne bouge pas ; la droite αa_1 du plan vertical ne cesse pas d'être perpendiculaire à la ligne de terre, par suite si a' est le point du plan horizontal avec lequel vient coïncider a_1, la demi-droite $\alpha a'$ est perpendiculaire à xy et on a $\alpha a' = \alpha a_1$; αa et $\alpha a'$ forment alors une seule droite perpendiculaire à la ligne de terre.

La figure formée par la ligne de terre et les deux points a, a' constitue l'épure du point A (*fig.* 12). Le point a est dit la *projection horizontale* du point A et le point a' la *projection verticale* de ce même point (quoique, en réalité, il soit le rabattement de la projection verticale réelle a_1). On désigne toujours

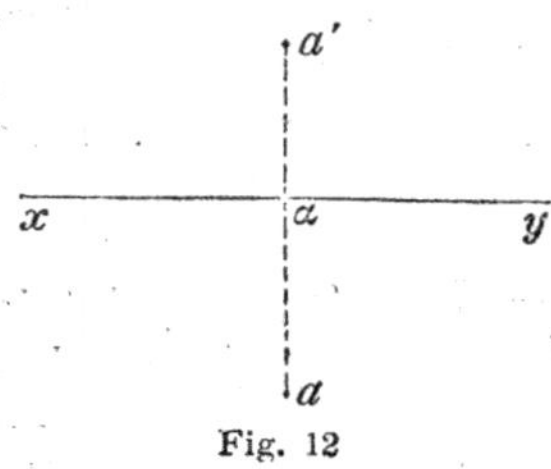

Fig. 12

un point de l'espace par une lettre majuscule, sa projection horizontale par la lettre minuscule correspondante et sa projection verticale par cette même lettre minuscule accentuée, et on se borne à énoncer les deux projections en plaçant la projection horizontale la première ; ainsi, le point (a, a') est le point A de l'espace dont les projections horizontale et verticale sont respectivement a et a'.

La définition même de l'épure d'un point permet d'énoncer le théorème suivant :

14. Théorème. — *Dans toute épure les deux projections d'un point sont sur une même perpendiculaire à la ligne de terre.*

La perpendiculaire à la ligne de terre qui unit les deux projections d'un point se nomme une *ligne de rappel*.

(Dans les épures faites au tableau ou sur le papier, les lignes de rappel doivent toujours être figurées par un trait pointillé ou par un trait plein à l'encre de couleur.)

15. Réciproque. — *Dans une épure, deux points a, a' situés sur une même ligne de rappel peuvent être considérés comme les projections d'un point parfaitement déterminé dans l'espace.*

En effet, soient deux points a, a', situés dans le plan horizontal, sur une même perpendiculaire $a\alpha a'$ à la ligne de terre (*fig. 11*). Faisons tourner le plan horizontal autour de la ligne de terre, *dans le sens opposé à celui indiqué par les flèches*, de manière à l'amener en coïncidence avec le plan vertical ; après cette rotation, le point a' coïncide avec un certain point a_1 du plan vertical, tel que la demi-droite αa_1 soit perpendiculaire à la ligne de terre et que $\alpha a_1 = \alpha a'$. Les deux droites αa, αa_1 étant perpendiculaires à xy, leur plan $a\alpha a_1$ est aussi perpendiculaire à xy, et par suite aux deux plans de projection ; la perpendiculaire élevée en a au plan horizontal, et la perpendiculaire élevée en a_1 au plan vertical sont alors contenues toutes deux dans le plan $a\alpha a_1$; comme elles sont respectivement perpendiculaires à des plans non parallèles, elles ne sont pas elles-mêmes parallèles, et par suite se rencontrent en un point A.

Les points a, a_1 sont évidemment les projections horizontale et verticale de ce point A, et comme, lorsqu'on rabat le plan vertical sur le plan horizontal dans le sens indiqué par les flèches, le point a_1 vient en a', il en résulte que a et a' sont, dans l'épure, les projections du point A.

16. Cote et éloignement d'un point. — La *cote* d'un point de l'espace est le nombre qui mesure la distance de ce point au plan horizontal, ce nombre étant affecté du signe + ou du signe — suivant que le point est, par rapport au plan horizontal, du même côté que la partie supérieure ou la partie inférieure du plan vertical.

De même, l'*éloignement* d'un point de l'espace est le nombre qui mesure la distance de ce point au plan vertical, ce nombre étant affecté du signe + ou du signe — suivant que le point est, par rapport au plan vertical, du même côté que la partie antérieure ou la partie postérieure du plan horizontal.

Le tableau ci-dessous donne les signes de la cote et de l'éloignement d'un point situé à l'intérieur de chacun des quatre dièdres formés par les plans de projection :

	COTE	ÉLOIGNEMENT
1er dièdre.	+	+
2e dièdre.	+	—
3e dièdre.	—	—
4e dièdre.	—	+

On dit quelquefois que :

Les points à *cote positive* sont *au-dessus* du plan horizontal,
     —   *cote négative* — *au-dessous* —

Les points à *éloignement positif* sont *en avant* du plan vertical,
     —   *éloignement négatif* — *en arrière* —

La cote d'un point du plan horizontal est *nulle*.

L'éloignement d'un point du plan vertical est *nul*.

La cote et l'éloignement d'un point de la ligne de terre sont *nuls*.

La cote et l'éloignement d'un point du premier plan bissecteur sont *égaux et de même signe*; en effet, d'abord ils sont égaux en valeur absolue, car les points du plan bissecteur d'un dièdre sont à égale distance des faces de ce dièdre ; ensuite, ils sont de même signe, puisque le tableau ci-dessus montre que la cote et l'éloignement des points du premier dièdre et du troisième dièdre sont tous deux positifs ou tous deux négatifs. De même, on voit aisément que la cote et l'éloignement d'un point du deuxième plan bissecteur sont *égaux et de signes contraires.*

17. Théorème. — *Dans toute épure, la distance de la projection verticale d'un point à la ligne de terre est égale à la valeur absolue de la cote du point; la distance de la projection horizontale de ce même point à la ligne de terre est égale à la valeur absolue de l'éloignement du point.*

Reportons-nous à la figure 11 ; le quadrilatère $A a \alpha a_1$ est un rectangle, tous ses angles étant évidemment droits; les côtés opposés sont donc égaux et l'on a

$$A a = a_1 \alpha = a'\alpha,$$
$$A a_1 = a\alpha.$$

C. q. f. d.

18. Aspects divers de l'épure d'un point. — Nous allons examiner les positions occupées par rapport à la ligne de terre par les projections d'un point, suivant le dièdre à l'intérieur duquel il est situé, c'est-à-dire suivant les signes de la cote et de l'éloignement de ce point. Nous conviendrons d'abord que, dans toute épure, la portion du tableau ou de la feuille de papier située *au-dessous* ou *en avant* de la ligne de terre figure la *partie antérieure* du plan horizontal, tandis que la portion située *au-dessus* de la ligne de terre figure la *partie postérieure* du plan horizontal.

1° *Points du 1er dièdre.* — Soient A un point situé à l'intérieur

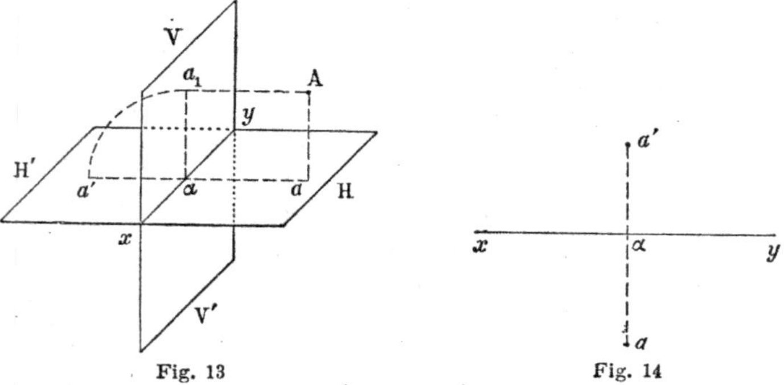

Fig. 13   Fig. 14

du premier dièdre (*fig.* 13), a et a_1 ses projections sur le plan horizontal et sur le plan vertical ; a est dans la *région anté-*

rieure du plan horizontal et a_1 dans la *région supérieure* du plan vertical ; par suite, après le rabattement du plan vertical sur le plan horizontal, a_1 vient en a' dans la *région postérieure* du plan horizontal. Donc, dans l'épure du point A (*fig.* 14), la projection horizontale est *au-dessous* de la ligne de terre, la projection verticale *au-dessus*.

2° *Points du 2e dièdre*. — Soient B un point situé à l'intérieur du deuxième dièdre (*fig.* 15), b et b_1 ses projections sur le plan

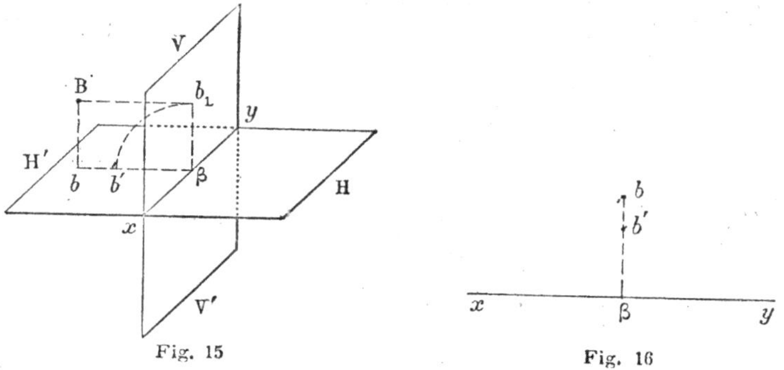

Fig. 15

Fig. 16

horizontal et sur le plan vertical ; b est dans la *région postérieure* du plan horizontal et b_1 dans la *région supérieure* du plan vertical ; par suite, après le rabattement du plan vertical sur le plan horizontal, b_1 vient en b' dans la *région postérieure* du plan horizontal.

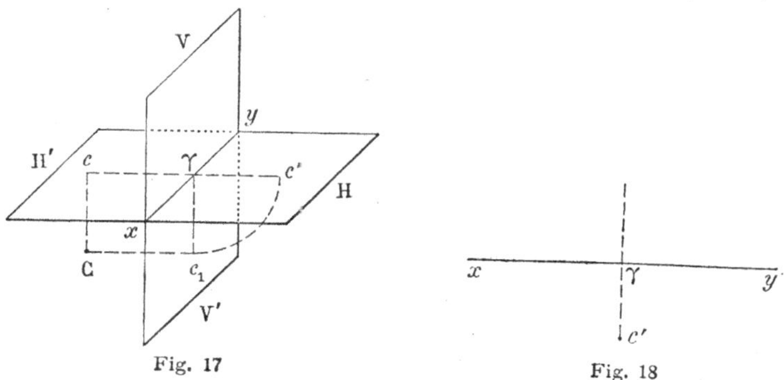

Fig. 17

Fig. 18

tal. Donc les deux projections du point B sont au-dessus de la ligne de terre (*fig.* 16).

3° *Points du 3e dièdre*. — Soient C un point situé à l'intérieur du troisième dièdre (*fig.* 17), c et c_1 ses projections sur le plan horizontal et sur le plan vertical : c est dans la *région posté- rieure* du plan horizontal et c_1 dans la *région inférieure* du plan vertical, par suite, après le rabattement du plan vertical sur le plan horizontal, c_1 vient en c' dans la *région antérieure* du plan horizontal. Donc dans l'épure du point C (*fig.* 18), la projection horizontale est *au-dessus* de la ligne de terre et la projection ver- ticale *au-dessous*.

4° *Points du 4e dièdre.* — Soit D un point situé à l'intérieur du quatrième dièdre (*fig.* 19), d et d_1 ses projections sur le plan horizontal et sur le plan vertical ; d est dans la *région antérieure* du plan horizontal et d_1 dans la *région inférieure* du plan ver- tical, par suite, après le rabattement du plan vertical sur le plan

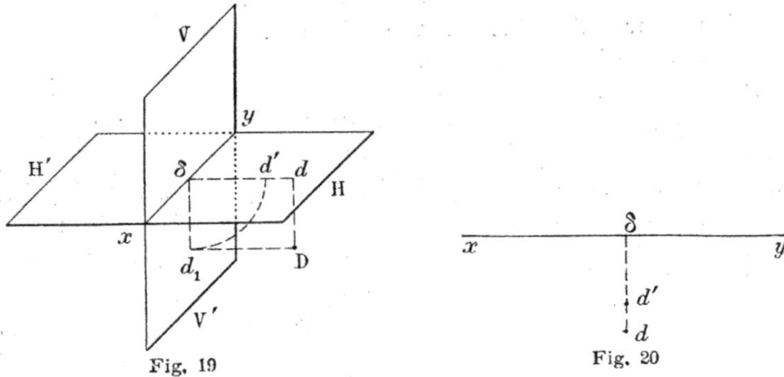

Fig. 19   Fig. 20

horizontal, le point d_1 vient en d' dans la *région antérieure* du plan horizontal. Donc, dans l'épure du point D (*fig.* 20), les *deux* projections sont *au-dessous* de la ligne de terre.

En résumé, *les points situés dans le 1er ou dans le 3e dièdre ont leurs projections de part et d'autre de la ligne de terre, les points situés dans le 2e ou le 4e dièdre ont leurs projections d'un même côté de la ligne de terre ;*
ou encore
les points à cote positive ont leur projection verticale au-dessus de la ligne de terre, les points à cote négative ont leur projec- tion verticale au-dessous de la ligne de terre, les points à éloignement positif ont leur projection horizontale au-dessous de la ligne de terre, les points à éloignement négatif ont leur pro- jection horizontale au-dessus de la ligne de terre.

19. Applications. — 1° *Faire l'épure d'un point dont on donne la cote et l'éloignement.*

Soit, par exemple, à construire les projections du point A dont la cote est $+5$ et l'éloignement -2.

Ce point est dans le 2° dièdre, puisque sa cote est positive

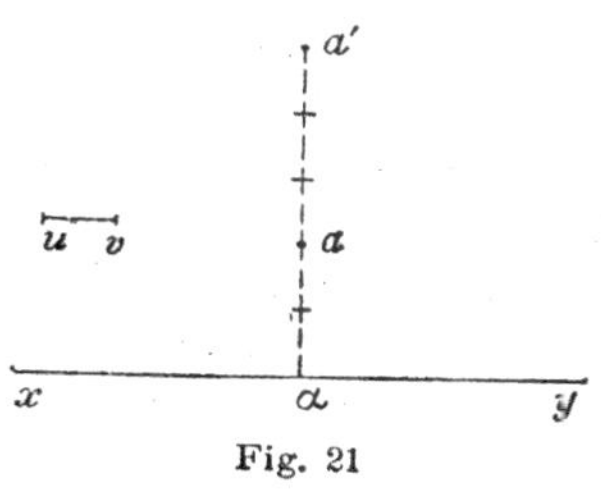
Fig. 21

et son éloignement négatif ; ses deux projections sont donc *au-dessus* de la ligne de terre. Ayant alors choisi une longueur arbitraire uv pour représenter l'unité de longueur (*fig.* 21), on élève une perpendiculaire à la ligne de terre en l'un de ses points α, et, sur cette perpendiculaire, on porte, à partir du point α et au-dessus de xy, une longueur $\alpha a' = 5uv$ et une longueur $\alpha a = 2uv$; a et a' sont les projections cherchées.

2° *Changement de plan vertical.*

Supposons qu'après avoir construit l'épure d'un point A dans un système de deux plans de projections donnés, l'un horizontal, l'autre vertical, on se propose de faire l'épure du même point dans un deuxième système composé du plan horizontal du premier système et d'un nouveau plan vertical ; si x_1y_1 est la droite d'intersection de ce nouveau plan vertical avec le plan horizontal

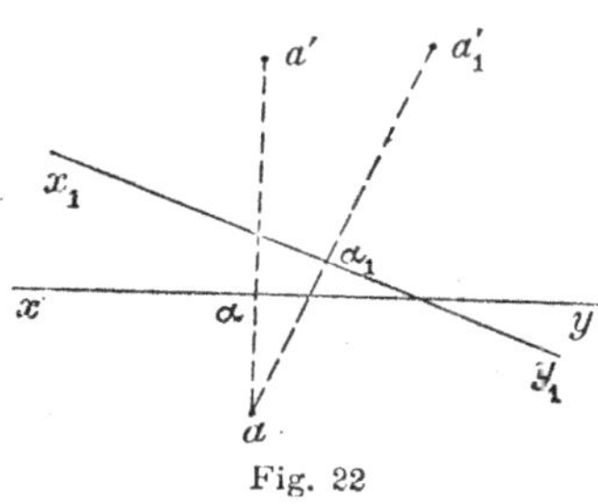
Fig. 22

commun aux deux systèmes, x_1y_1 sera la nouvelle ligne de terre (*fig.* 22). Soient alors a, a' les projections du point A dans le système primitif ; le changement de plan vertical ne modifie pas la projection horizontale a, puisque le plan horizontal est commun aux deux systèmes ; quant à la nouvelle projection verticale a_1' du point, elle se trouve sur la ligne de rappel $a\alpha_1a_1'$ menée par a perpendiculairement à la ligne de terre x_1y_1 (14) et à une distance $a_1'\alpha_1$ de x_1y_1 égale à la distance $a'\alpha$ de l'ancienne projection verticale à l'ancienne ligne de terre, puisque dans l'un et l'autre cas cette distance représente la distance du point de l'espace au plan horizontal commun aux deux systèmes (17) ; de plus, comme a' est donné, dans notre exemple, au-dessus de xy, le point A a une cote positive dans les deux systèmes et a_1' doit être aussi au-dessus de x_1y_1.

§ II.

Points remarquables.

20. En géométrie descriptive, on appelle points remarquables ceux dont les projections présentent, sur l'épure, des positions particulières ; ce sont les points du plan horizontal et ceux du plan vertical, les points de la ligne de terre et ceux des deux plans bissecteurs.

1° *Points situés dans le plan horizontal.* — Tout point E ou F

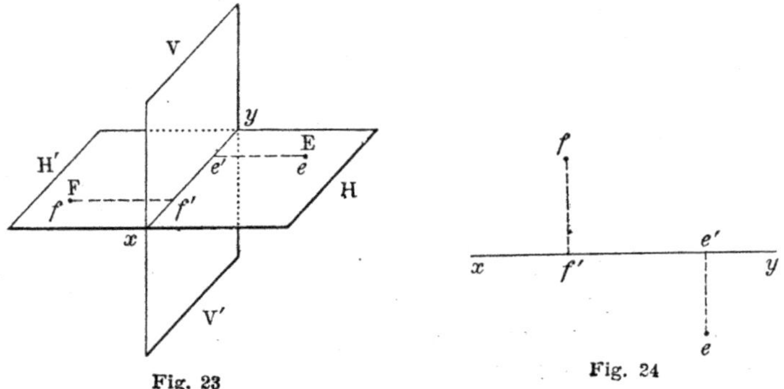

Fig. 23

Fig. 24

du plan horizontal coïncide avec sa projection horizontale (*fig*. 23) ; sa cote est nulle, par suite sa projection verticale est sur la ligne

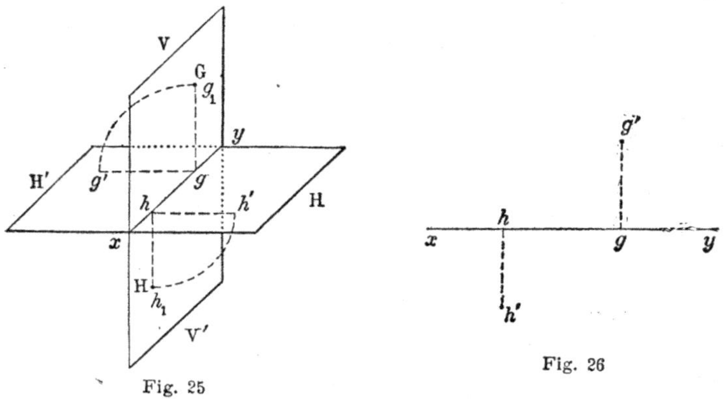

Fig. 25

Fig. 26

de terre ; tels sont les points (e, e') du 1er et du 4e dièdres, (f, f') du 2e et du 3e dièdres (*fig*. 24).

2° *Points situés dans le plan vertical.* — Tout point situé dans le plan vertical, tel que G ou H, coïncide avec sa projection verticale (*fig.* 25), son éloignement est nul ; donc sa projection horizontale est sur la ligne de terre ; tels sont les points (g, g') du 1er et du 2e dièdres, (h, h') du 3e et du 4e dièdres (*fig.* 26).

3° *Points sur la ligne de terre.* — Ces points coïncident avec leurs deux projections ; tel est le point (i, i') (*fig.* 27 et 28).

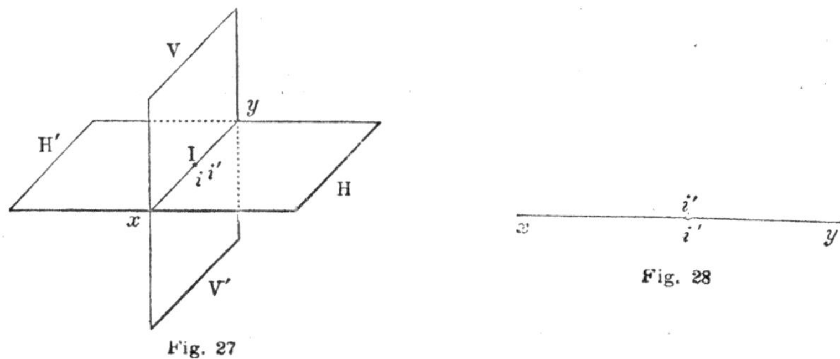

Fig. 27

Fig. 28

4° *Points situés dans le premier plan bissecteur.* — Les points J, K du premier plan bissecteur (*fig.* 29) étant contenus à l'intérieur du 1er ou du 3e dièdre ont leurs projections de part et

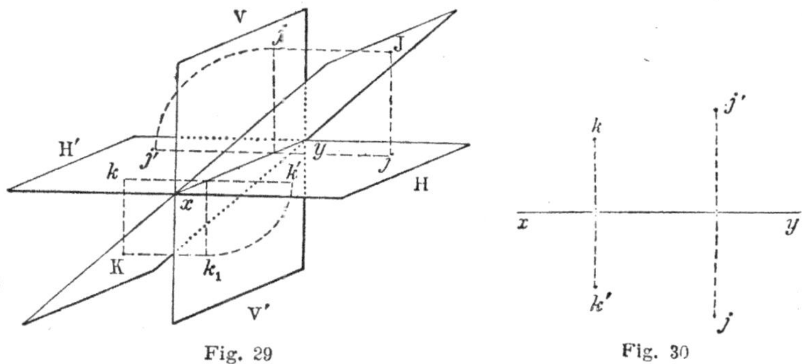

Fig. 29

Fig. 30

d'autre de la ligne de terre (18) ; de plus, ces points étant équidistants des deux plans de projection, pour chacun d'eux la cote égale l'éloignement ; *leurs projections sont donc équidistantes de xy.* Tels sont les points (j, j') du 1er dièdre et (k, k') du 3e dièdre (*fig.* 30).

5° *Points situés dans le deuxième plan bissecteur.* — Les points N, P du deuxième plan bissecteur étant contenus à l'intérieur du 2ᵉ ou du 4ᵉ dièdre (*fig.* 31) ont leurs deux projections d'un même côté de la ligne de terre (18); de plus, les valeurs absolues de la cote et de l'éloignement de chacun d'eux sont égales puisque ces points sont à égale distance des deux plans de projection ;

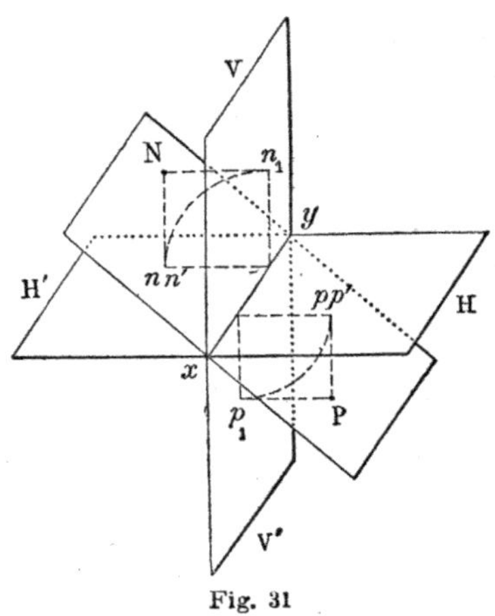

il en résulte que leurs projections sont à la même distance de xy ; *elles sont donc confondues.* Tels sont les points (n, n') du 2ᵉ dièdre et (p, p') du 4ᵉ dièdre (*fig.* 32).

Fig. 31

Fig. 32

21. Épure d'une figure quelconque. — Connaissant la position d'une figure F dans l'espace, on peut construire les projections de tous ses points, puisqu'on peut connaître la cote et l'éloignement de chacun d'eux ; l'ensemble des projections horizontales des points de la figure F constitue la *projection horizontale de cette figure*, l'ensemble des projections verticales des mêmes points constitue la *projection verticale de la figure* ; le dessin tout entier est l'*épure de la figure*.

Inversement, lorsqu'on a l'épure d'une figure quelconque de l'espace, on peut connaître sa position par rapport aux deux plans de projection, puisque la position occupée par chaque point de la figure peut être déterminée à l'aide de ses deux projections (15). Nous verrons plus tard qu'on peut déterminer également la grandeur de tous les éléments de la figure.

CHAPITRE II

LA DROITE

§ I.

Représentation de la droite.

22. Projections d'une droite. — Nous avons vu (4) que la projection d'une droite sur un plan est *généralement* une droite, qu'on obtient en joignant les projections de deux points quelconques de cette droite.

Une droite AB de l'espace aura donc, en général, pour projection horizontale la droite ab obtenue en joignant les projections horizontales a et b de deux points A et B de AB, et pour projection verticale la droite $a'b'$ obtenue en joignant les projections verticales de ces mêmes points. La figure 33 formée par la ligne de terre et les deux droites ab, $a'b'$ est l'*épure de la droite* AB, et pour énoncer cette droite, on dit simplement : la droite $(ab,\ a'b')$.

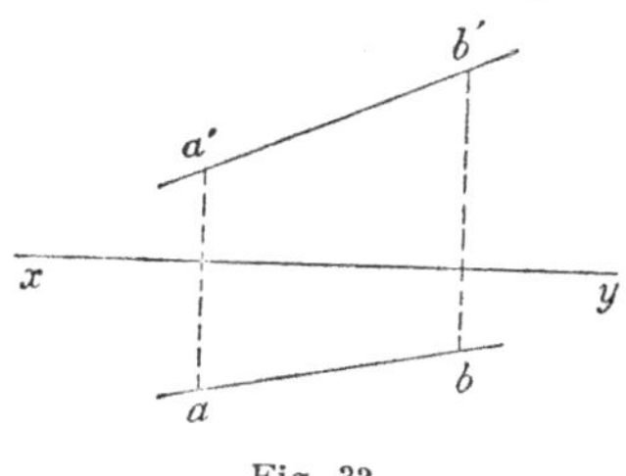

Fig. 33

23. RÉCIPROQUEMENT, *deux droites quelconques ab, $a'b'$ (fig. 33) tracées dans une épure peuvent* GÉNÉRALEMENT *être considérées comme les projections horizontale et verticale d'une droite AB parfaitement déterminée dans l'espace.*

En effet, relevons le plan vertical de manière à l'amener dans sa première position (*fig.* 34) ; la droite $a'b'$ vient alors en a_1b_1.

Toute ligne de l'espace dont la projection horizontale est ab est contenue dans le plan P mené par ab perpendiculairement au plan horizontal de projection; de même, toute ligne dont la projection verticale est a_1b_1 dans l'espace (ou $a'b'$ dans l'épure) est contenue dans le plan P′ mené par a_1b_1 perpendiculairement au plan vertical de projection ; donc la ligne dont les projections horizontale et verticale sont respectivement ab et $a'b'$ est contenue à la fois dans les plans P et P′ ; c'est nécessairement la droite d'intersection AB de ces deux plans.

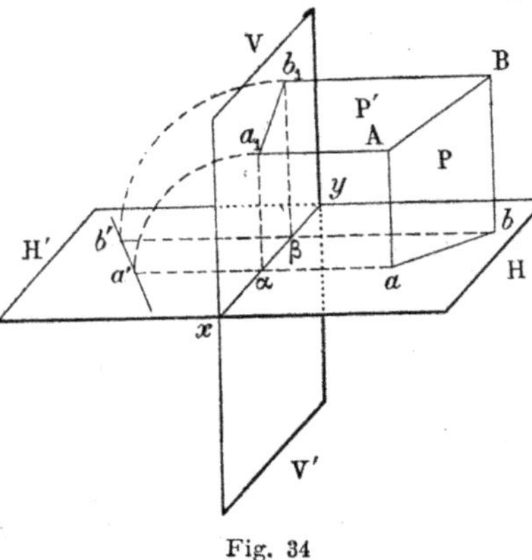

Fig. 34

Les plans P et P′ sont appelés les plans projetant horizontalement et verticalement la droite AB.

24. Exceptions : 1° *Les plans* P *et* P′ *sont parallèles.*

Dans ce cas, les plans P et P′ n'ayant pas de droite commune, ab et $a'b'$ ne peuvent être les projections d'aucune droite de l'espace. Or, pour que les plans P et P′ soient parallèles, comme ils

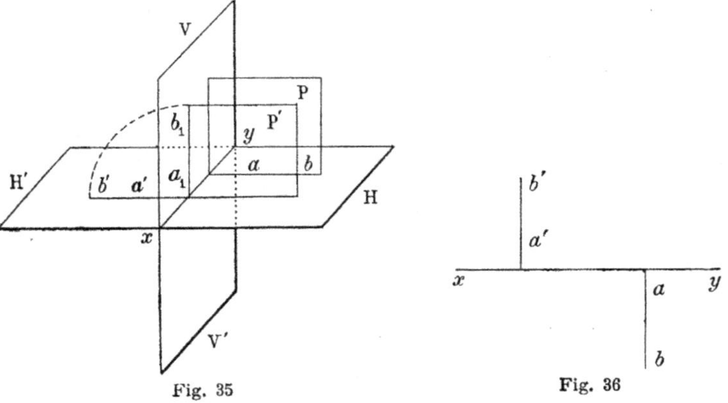

Fig. 35

Fig. 36

sont : le premier perpendiculaire au plan horizontal, le second perpendiculaire au plan vertical, il faut qu'ils soient simultanément perpendiculaires aux deux plans de projection et par suite perpendiculaires à la ligne de terre (*fig.* 35). Les droites ab, a_1b_1 qui sont dans ces plans sont alors elles-mêmes perpendiculaires à la ligne de terre, mais elles ne la rencontrent pas au même point ; après le rabattement du plan vertical, l'épure se compose de deux droites ab, $a'b'$ perpendiculaires à la ligne de terre en des points distincts (*fig.* 36).

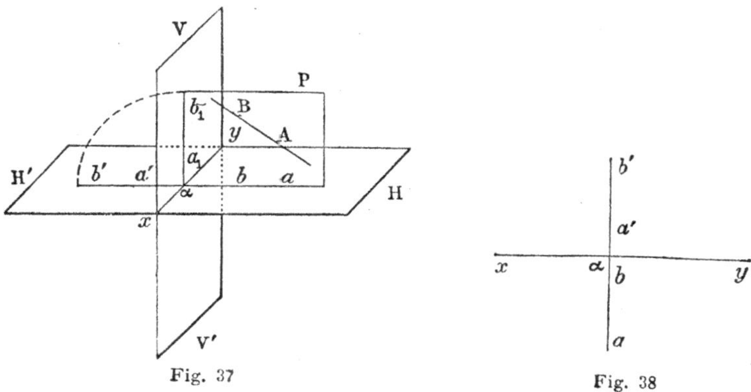

Fig. 37   Fig. 38

2° *Les plans* P *et* P′ *sont confondus.*

Si le plan P′ est confondu avec le plan P, pour la même raison que dans le cas précédent le plan P est perpendiculaire à la ligne de terre (*fig.* 37), et les droites ab, a_1b_1, qui sont contenues dans ce plan, sont elles-mêmes perpendiculaires à la ligne de terre ; d'ailleurs elles la rencontrent au même point, le point α où xy coupe le plan P, de sorte qu'après le rabattement du plan vertical, ab et $a'b'$ forment dans l'épure une même perpendiculaire à la ligne de terre (*fig.* 38). Lorsque cette circonstance se présente, *toute ligne du plan* P, *et en particulier toute droite* AB *de ce plan, a pour projections horizontale et verticale les droites* ab *et* $a'b'$.

3° *La droite d'intersection* AB *des plans* P *et* P′ *est perpendiculaire à l'un des plans de projection.*

Supposons, par exemple, que les plans P et P′, distincts et non parallèles, se coupent suivant une droite AB perpendiculaire au plan vertical (*fig.* 39). Le plan P contenant cette droite est lui-même perpendiculaire au plan vertical, et, comme il est déjà perpendiculaire au plan horizontal, il est perpendiculaire à la ligne de terre xy ; il en est de même de la droite ab qui est contenue dans ce plan P ; l'épure présente l'aspect de la figure 40. Dans ce cas, quoique la droite AB soit l'intersection des plans P et P', elle ne peut avoir pour projections les droites ab et $a'b'$, car sa projection verticale doit se réduire à un point ; on arrive aux mêmes conclusions en supposant la projection horizontale ab quelconque et la projection verticale $a'b'$ perpendiculaire à la ligne de terre.

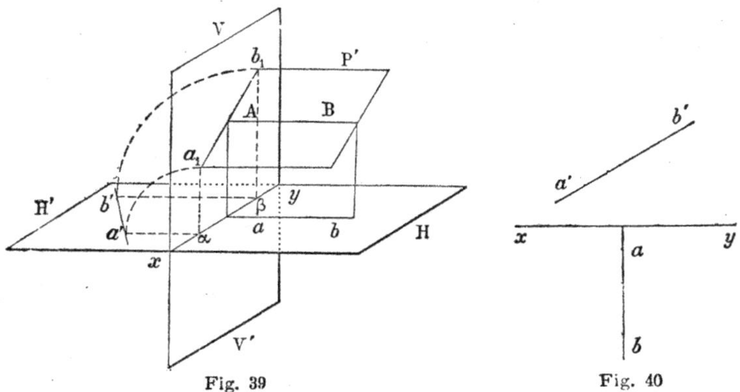

Fig. 39   Fig. 40

En résumé, la proposition du n° **23**, pour être rigoureusement exacte, doit être modifiée de la façon suivante :

Dans toute épure, deux droites ab, $a'b'$ qui ne sont ni l'une ni l'autre perpendiculaires à la ligne de terre sont les projections d'une droite parfaitement déterminée dans l'espace.

Lorsqu'une seule des droites ab, $a'b'$ est perpendiculaire à la ligne de terre (fig. 40), ou lorsqu'elles sont toutes deux perpendiculaires à la ligne de terre en des points différents (fig. 36), il n'existe aucune droite de l'espace dont les projections soient ab et $a'b'$.

Si les droites ab, $a'b'$ sont perpendiculaires à la ligne de terre au même point (fig. 38), il y a une infinité de droites dont les projections sont ab et $a'b'$.

25. Plans de profil. Droites de profil. — Un *plan de profil* est un plan perpendiculaire à la ligne de terre.

Toute droite contenue dans un plan de profil et *non perpendiculaire à l'un des plans de projection* est une *droite de profil*; il s'ensuit évidemment qu'une droite de profil est perpendiculaire à la ligne de terre.

De la remarque faite plus haut (24, 2°), il résulte que toute droite de profil AB (*fig.* 37) a ses deux projections *ab*, *a'b'* dirigées suivant une même perpendiculaire à la ligne de terre (*fig.* 38);

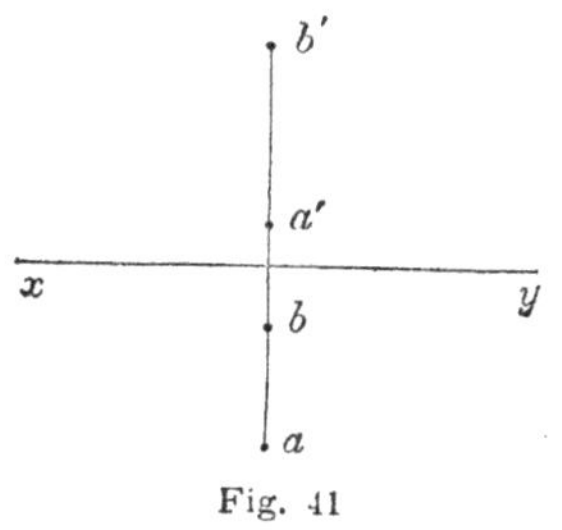

Fig. 41

mais, inversement, la droite AB n'est pas déterminée par ses deux projections qui sont aussi les projections de toute droite contenue dans le plan P.

Pour représenter la droite AB, il faut alors nécessairement se donner les projections horizontale et verticale *a*, *a'* et *b*, *b'* de deux de ses points (*fig.* 41); les points A et B dont les projections sont respectivement (*a*, *a'*) et (*b*,*b'*) sont alors parfaitement déterminés (15), et il en est de même de la droite AB qui les joint.

26. Problème. — *Étant données les projections ab et a'b' d'une droite de l'espace et l'une des projections d'un point de cette droite, trouver l'autre projection.*

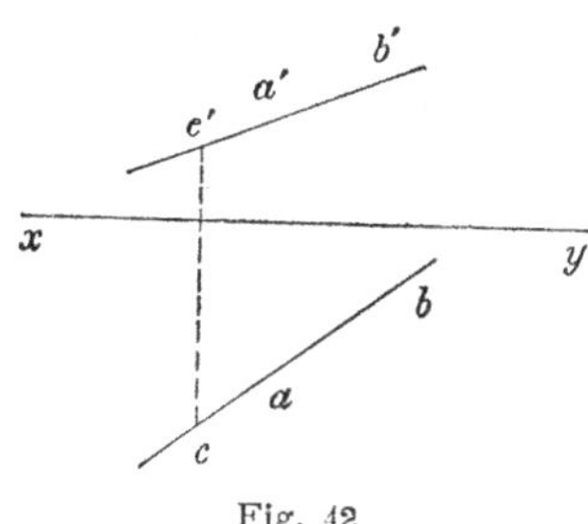

Fig. 42

Supposons, par exemple, qu'on se donne la projection horizontale *c* d'un point de la droite (*fig.* 42). D'abord *c* doit être pris sur la projection horizontale *ab* de la droite. La projection verticale *c'* cherchée se trouve alors à l'intersection de la ligne de rappel du point *c* et de la projection verticale *a'b'* de la droite, car, d'une part, les projections d'un point sont toujours sur une même ligne de rappel (14), et, par définition, tout point d'une ligne a ses projections sur les projections de même nom de cette ligne.

27. *Cas où la droite donnée est de profil.*

Si la droite est de profil et donnée par deux de ses points (*a*, *a'*), (*b*, *b'*) (*fig.* 43), la construction précédente est en défaut, puisque la ligne de rappel du point *c* et la projection verticale de la droite sont confondues. On cherche alors la cote du point considéré, et, pour cela, on fait un changement de plan vertical, en prenant une nouvelle ligne de terre quelconque x_1y_1 *non parallèle à la première*; on construit, comme nous l'avons expliqué

(19, 2°) les nouvelles projections verticales a_1', b_1', des points qui définissent la droite, de sorte que dans le nouveau système de projections, les projections de la droite sont ab et $a_1'b_1'$, non perpendiculaires à x_1y_1 ; on peut alors appliquer la construction précédente (26), et déterminer, dans le nouveau système, la projection verticale c_1' du point de la droite dont la projection horizontale est c ; la distance γ_1c_1' du point c_1' à la ligne de terre x_1y_1 mesure la cote de ce point, et en portant ensuite sur $a'b'$, à partir de la ligne de terre xy, une longueur $\alpha c'=\gamma_1c_1'$ (au-dessus ou au dessous de xy suivant que c_1' est lui-même au-dessus ou au-dessous de x_1y_1), on a la projection verticale cherchée c'.

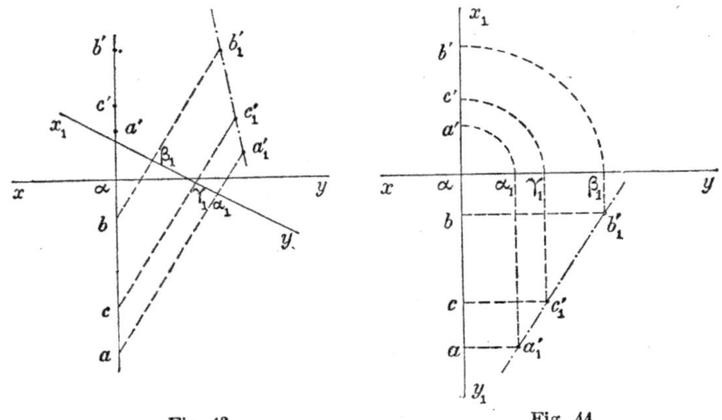

Fig. 43   Fig. 44

Généralement, pour faciliter les constructions, on prend pour nouveau plan vertical de projection le plan de profil qui contient la droite donnée, ce qui revient à prendre pour nouvelle ligne de terre la droite $aba'b'$ elle-même (*fig.* 44) ; les lignes de rappel aa_1', bb_1', cc_1' sont alors parallèles à xy et l'on a $aa_1'=\alpha a'$, $bb_1'=\alpha b'$, $cc_1'=\alpha c'$, ce qui explique les constructions faites dans l'épure.

28. Remarque. — Si on désigne par A et B les points de l'espace dont les projections sont respectivement (a, a') et (b, b') et par C le point de la droite de profil AB dont la projection horizontale est c, en désignant sa projection verticale par c', les segments AC, BC portés par la droite AB sont proportionnels à leurs projections de même nom (7) et on a

$$\frac{AC}{BC} = \frac{ac}{bc} = \frac{c'c'}{b'c'}$$

Le problème revient donc encore à déterminer le point c' qui divise le segment $a'b'$ dans le rapport connu $\dfrac{ab}{bc}$, ce point c' étant à l'intérieur ou à l'extérieur du segment $a'b'$ suivant que c est lui-même intérieur ou extérieur au segment ab ; il est évident d'ailleurs que l'épure 44 contient les constructions résultant de ce mode de raisonnement.

§ II.

Traces d'une droite.

29. Définitions. — Le point où une droite rencontre le plan horizontal est la *trace horizontale* de cette droite, le point où elle rencontre le plan vertical est sa *trace verticale*.

La détermination des traces d'une droite $(ab, a'b')$ *(fig. 45)*, donnée par ses projections est facile. D'abord la trace horizontale étant, par définition, un point du plan horizontal, sa projection verticale est sur la ligne de terre (20, 1°) ; cette projection verticale est donc le point h' où la projection verticale $a'b'$ de la droite rencontre xy, et, en rappelant le point h' en h sur la projection horizontale ab, on obtient la trace horizontale (h, h').

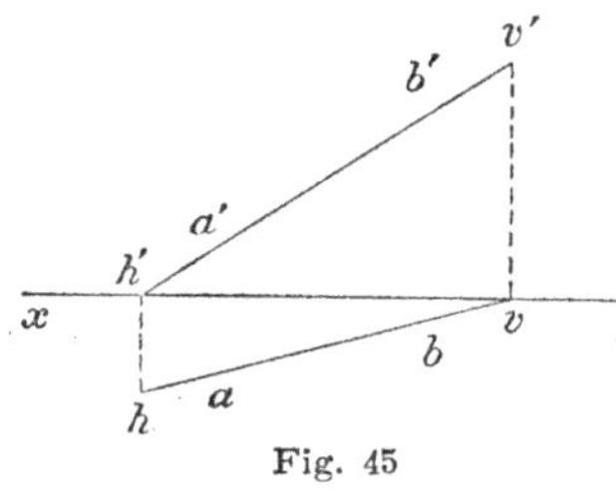

Fig. 45

De même, la trace verticale étant, par définition, un point du plan vertical, sa projection horizontale est sur la ligne de terre, c'est le point v où la projection horizontale ab de la droite rencontre xy ; en rappelant v en v' sur $a'b'$, on a la trace verticale (v, v').

30. Traces d'une droite de profil. — Soit une droite de profil *(fig. 46)* déterminée par les points (a, a'), (b, b') ; si on appelle α le point où la droite $aba'b'$ rencontre xy, la trace horizontale de la droite de profil est encore le point de cette droite dont la projection verticale est α ; de même sa trace verticale est le point de la droite dont la projection horizontale est α. On est donc

ramené, pour obtenir les traces de la droite, à chercher la deuxième projection d'un point d'une droite de profil, connaissant l'autre projection de ce point.

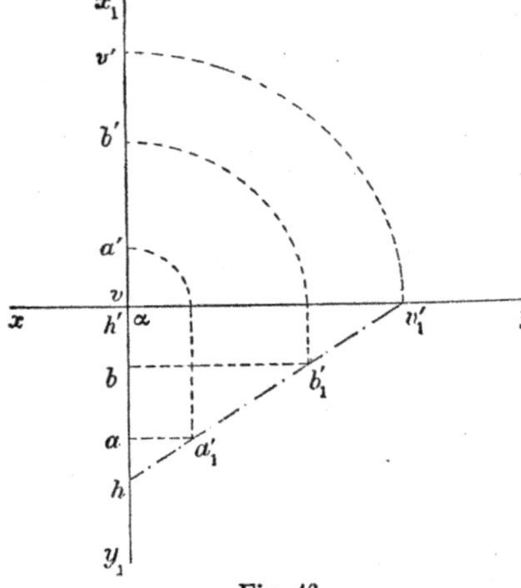

Fig. 46

Pour cela, on prend comme nous l'avons déjà fait (27) la droite $aba'b'$ comme nouvelle ligne de terre $x_1 y_1$, et on détermine la nouvelle projection verticale $a_1' b_1'$ de la droite $(ab, a'b')$; le point dont la projection horizontale est α a pour projection verticale, dans le nouveau système, le point v_1' où $a_1' b_1'$ rencontre la ligne de rappel xy du point α; dans l'ancien système ce même point a pour projec-
tion verticale le point v' de $a'b'$ tel que $\alpha v' = \alpha v_1'$; c'est la projection verticale de la trace verticale de la droite de profil.

Quant à la trace horizontale de la droite de profil, on voit immédiatement, dans le deuxième système de projections, qu'elle a
pour projection horizontale le point h où $a_1' b_1'$ rencontre ab.

31. REMARQUES. — I. Généralement, au lieu de dire que les
traces horizontale et verticale d'une droite sont (h, h') et (v, v'), on
se borne à dire que h est la trace horizontale et v' la trace ver-

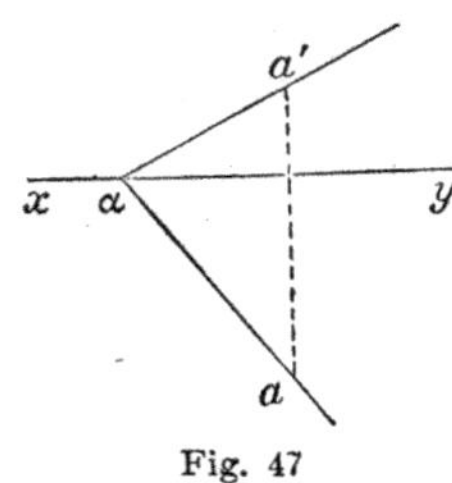

Fig. 47

ticale; lorsque les points h et v' sont connus, on a en effet immédiatement les points h' et v à l'intersection de la ligne de terre et des lignes de rappel des points h et v'.

II. Puisque deux points déterminent une droite, en particulier, si on se donne les deux traces (h, h') et (v, v') d'une droite, cette droite est déterminée, car

ses projections sont hv et $h'v'$. Il y a exception cependant pour
les droites rencontrant la ligne de terre, car le point α où
une telle droite rencontre xy (*fig.* 47) est en même temps sa
trace horizontale et sa trace verticale; pour déterminer complète-

ment la droite, il faut nécessairement en connaître un deuxième point (a, a').

32. Reconnaître les diverses régions de l'espace traversées par une droite. — Les points de rencontre d'une droite avec les plans de projection, c'est-à-dire les traces de la droite, limitent évidemment les portions de cette droite situées dans les différents dièdres. Soit alors une droite dont les traces sont (h, h'), (v, v') (*fig.* 48) ; prenons un point quelconque (m, m') sur cette droite, ce point est dans le 1er dièdre, puisque sa projection horizontale est au-dessous de la ligne de terre et sa projection verticale au-dessus. Comme tous les points de la portion indéfinie $(vm, v'm')$ sont dans le même cas, cette portion de droite est dans le 1er dièdre.

Tout point (n, n') du segment $(vh, v'h')$ a ses deux projections au-dessus de la ligne de terre, donc ce segment est contenu dans le 2e dièdre.

Enfin tout point (p, p') de la portion indéfinie $(hp, h'p')$ a sa projection horizontale au-dessus de la ligne de terre et sa projection verticale au-dessous, donc cette partie de la droite est tout entière dans le 3e dièdre.

En résumé, si un mobile se déplace sur la droite dans le sens de

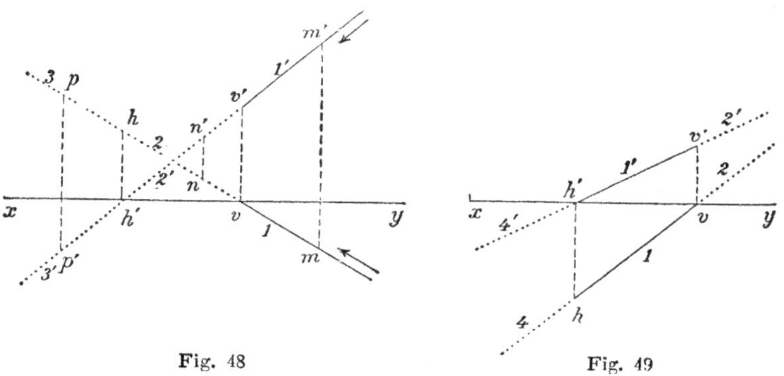

Fig. 48Fig. 49

la flèche, il est dans le 1er dièdre jusqu'au point (v, v'), traverse le plan vertical en ce point, se meut ensuite dans le 2e dièdre jusqu'au point (h, h'), où il traverse le plan horizontal, puis, à partir de ce point, reste constamment dans le 3e dièdre.

Dans les épures 48, 49, 50, 51, qui représentent une droite dans

diverses positions les chiffres 11′, 22′, 33′, 44′ indiquent les portions de la droite appartenant respectivement au 1er, au 2e, au 3e,
et au 4e dièdres. En supposant les plans de projection opaques et
l'observateur placé dans le 1er dièdre, les seules portions de droite

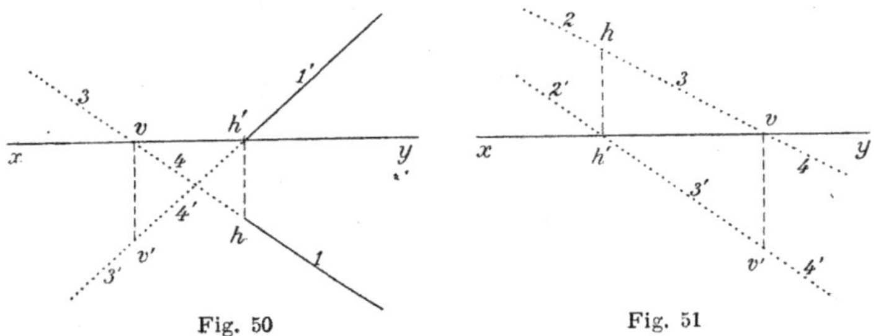

Fig. 50   Fig. 51

visibles sont celles situées dans le 1er dièdre ; leurs projections
sont représentées en traits pleins, tandis que les projections des
portions de droite cachées sont représentées en pointillé.

§ III.

Points de rencontre d'une droite avec les deux plans bissecteurs.

33. Soient ab, $a'b'$ les deux projections d'une droite ; le point
de rencontre de cette droite avec le deuxième plan bissecteur

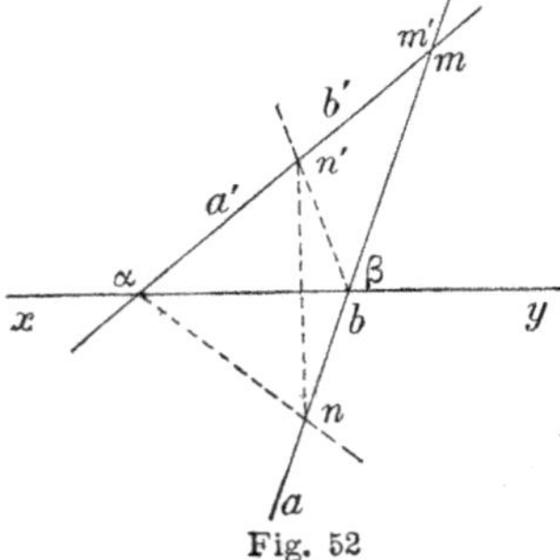

Fig. 52

doit avoir ses projections confondues
(20, 5°) ; c'est donc le point (m, m')
(*fig.* 52) où se rencontrent les deux
projections de la droite.

Le point de rencontre de la droite
avec le premier plan bissecteur doit
avoir ses projections symétriques
par rapport à la ligne de terre
(20, 4°). Pour l'obtenir (*fig.* 52) on
construit la droite an symétrique de
$a'b'$ par rapport à la ligne de terre ;
cette droite rencontre ab en n ; on rappelle ensuite n en n' sur
$a'b'$, (n, n') est le point cherché. On peut également construire
[a droite $\beta n'$ symétrique de ab par rapport à xy ; cette droite
coupe $a'b'$ en n', qu'on rappelle ensuite en n sur ab.

§ IV.

Droites concourantes. Droites parallèles.

34. Nous allons examiner maintenant à quelles conditions deux droites données par leurs projections sont concourantes ou parallèles, c'est-à-dire contenues dans un même plan.

35. Théorème. — *La condition nécessaire et suffisante pour que deux droites données par leurs projections se rencontrent est que les projections de même nom de ces deux droites se coupent en deux points situés sur une même ligne de rappel.*

La condition est nécessaire. En effet, soient AB, CD deux droites de l'espace se rencontrant en un point O ; les projections o et o' de ce point appartiennent aux projections de même nom de chacune des droites, et, de plus, elles sont sur une même ligne de rappel (*fig.* 53).

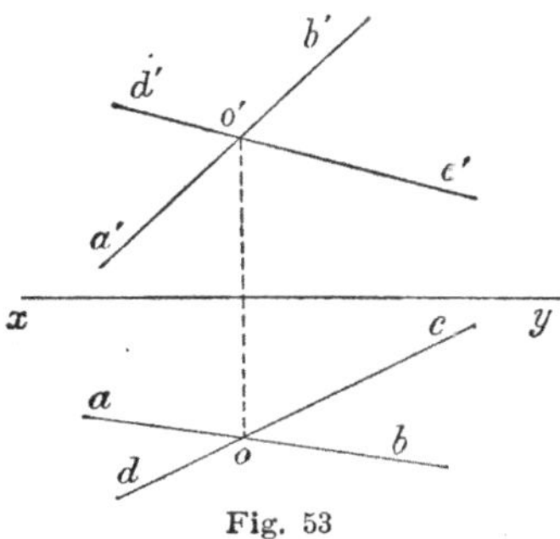

Fig. 53

dont les projections sont o, o'

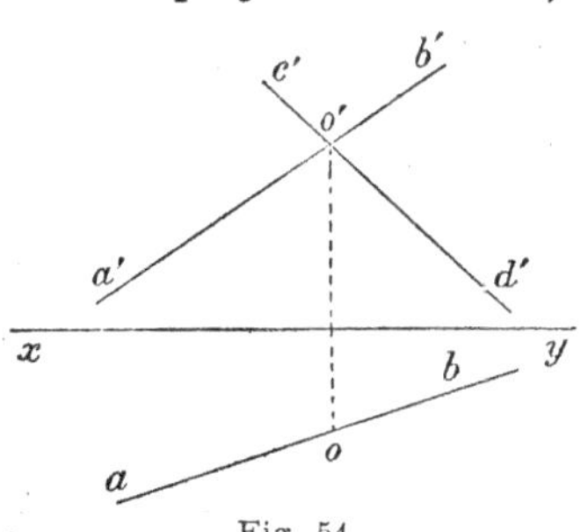

Fig. 54

La condition est suffisante. Car si les projections de même nom des deux droites ab, $a'b'$ et cd, $c'd'$ se coupent aux points o et o', et si ces points sont sur une même ligne de rappel, d'une part il existe un point O de l'espace (15), et d'autre part ce point est évidemment commun aux deux droites.

36. Corollaire. — *Si deux droites ont une projection commune et si les autres projections se coupent, ces deux droites se rencontrent.*

En effet, soient deux droites $(ab, a'b')$ et $(ab, c'd')$ ayant même projection horizontale ab, leurs projections verticales se coupant au point o' (*fig.* 54) ; rappelons

o' en o sur ab ; le point (o, o') est évidemment un point commun aux deux droites.

37. Théorème. — *Deux droites parallèles ont leurs projections de même nom parallèles.*

Cela résulte immédiatement de ce que deux droites parallèles se projettent sur un même plan suivant des droites parallèles, ainsi que nous l'avons démontré précédemment (6).

38. Réciproque. — *Deux droites dont les projections de même nom sont parallèles sont également parallèles entre elles.*

En effet, soient $(ab, a'b')$, $(cd, c'd')$ deux droites telles que ab et cd soient parallèles ainsi que $a'b'$ et $c'd'$ (*fig.* 55). Si on relève le plan vertical, les droites $a'b'$ et $c'd'$ viennent en a_1b_1,

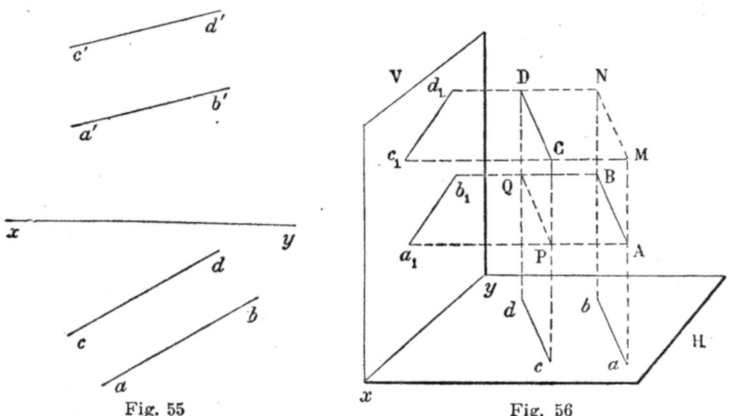

Fig. 55   Fig. 56

c_1d_1 et sont encore parallèles (*fig.* 56). La droite AB, dont les projections sont ab et $a'b'$, est à l'intersection du plan ABba mené par ab perpendiculairement au plan horizontal et du plan ABa_1b_1 mené par a_1b_1 perpendiculairement au plan vertical ; la droite CD, dont les projections sont cd et $c'd'$, est à l'intersection des plans CDcd, CDc_1d_1 construits de la même manière ; or les plans ABba, CDcd sont parallèles, puisqu'ils sont menés par les deux droites parallèles ab, cd, perpendiculairement à un même plan ; de même les plans ABa_1b_1, CDc_1d_1 sont aussi parallèles entre eux. Ces quatre plans forment donc un prisme dont les quatre arêtes sont parallèles entre elles ; or les deux droites AB, CD sont précisément deux des arêtes de ce prisme, elles sont donc parallèles.

Si les droites ont une projection commune, la projection horizontale par exemple, leurs projections verticales étant parallèles, ces droites sont encore parallèles entre elles, comme intersections de deux plans parallèles (les plans qui les projettent verticalement) par un troisième (le plan unique qui les projette horizontalement l'une et l'autre).

REMARQUE. — La démonstration est en défaut lorsque les droites données sont de profil ; les projections de même nom de ces deux droites sont bien parallèles, mais les quatre plans projetants, au lieu de former un prisme, se réduisent à deux plans parallèles, les plans de profil contenant les deux droites ; nous reviendrons plus loin sur ce cas particulier.

39. Problème. — *Reconnaître que deux droites* (ab, a'b') (cd, c'd') *se rencontrent, lorsque les projections de même nom de ces droites ne sont pas parallèles et ne se coupent pas dans les limites de l'épure.*

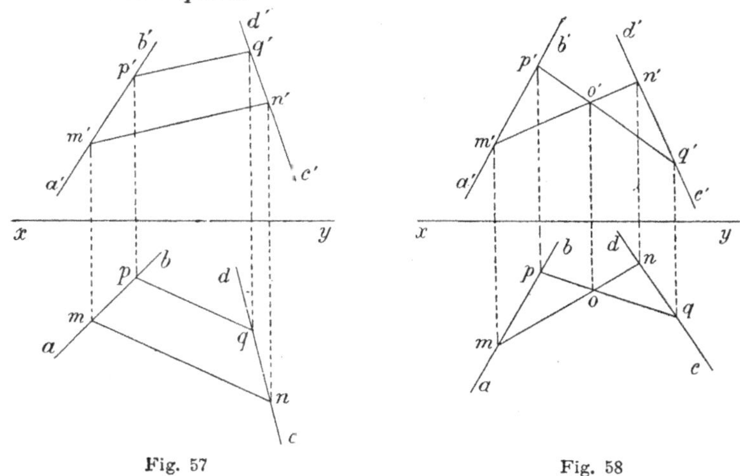

Fig. 57   Fig. 58

Prenons deux points quelconques (m, m'), (p, p') sur la première droite et deux points quelconques (n, n'), (q, q') sur la seconde (*fig.* 57 et 58) ; si ces deux droites se rencontrent, elles sont dans un même plan P et les droites (mn, m'n'), (pq, p'q') qui ont chacune deux points dans ce plan y sont également contenues tout entières, donc elles sont ou concourantes ou parallèles.

Réciproquement, si les droites $(mn, m'n')$, $(pq, p'q')$ sont concourantes ou parallèles, elles sont dans un même plan qui contient aussi les deux droites données puisque chacune d'elles a deux points dans çe plan ; or ces deux droites ne sont pas parallèles puisque, d'après l'hypothèse, leurs projections de même nom ne sont pas parallèles, donc elles se rencontrent. D'où deux méthodes pour vérifier que les droites données se rencontrent:

1° ou bien on choisit les points m, n, p, q de manière que mn et pq sont parallèles et alors $m'n'$ et $p'q'$ doivent également être parallèles (*fig.* 57) ;

2° ou bien on choisit les points (m, m'), (n, n'), (p, p'), (q, q') de manière que les projections de même nom des droites $(mn, m'n')$, $(pq, p'q')$ se coupent en deux points o, o' situés dans les limites de l'épure et on vérifie que ces points o et o' sont sur une même ligne de rappel (*fig.* 58).

REMARQUE. — Si les droites $(ab, a'b')$, $(cd, c'd')$ sont parallèles, les droites $(mn, m'n')$, $(pq, p'q')$, déterminées comme nous l'avons dit, sont encore parallèles ou concourantes, car elles appartiennent au plan déterminé par les deux droites parallèles données.

40. Problème. — *Reconnaître si une droite de profil rencontre une autre droite quelconque.*

Soient une droite de profil $(ab, a'b')$ déterminée par les projections de deux de ses points (a, a') et (b, b') et une deuxième droite quelconque $(cd, c'd')$. Les projections de même nom de ces deux droites se coupent bien en deux points o, o' situés sur une même ligne de rappel, mais le point (o, o') qui appartient à la droite $(cd, c'd')$ n'appartient pas nécessairement à la droite de profil. Pour vérifier que les droites données se rencontrent, on procède alors comme dans le problème précédent: on choisit deux points quelconques (m, m'), (n, n') sur la droite $(cd, c'd')$

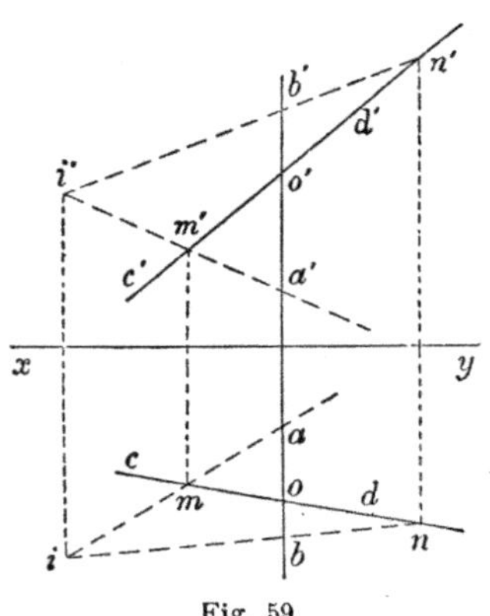

Fig. 59

(*fig.* 59) et on mène les droites $(am, a'm')$, $(bn, b'n')$; ces droites doivent être ou parallèles ou concourantes, c'est-à-dire que leurs projections de même nom doivent être parallèles ou se couper en deux points i, i' situés sur une même ligne de rappel.

REMARQUE. — Pour vérifier si le point (o, o') appartient à la droite de profil, on peut également vérifier si la proportion

$$\frac{oa}{ob} = \frac{o'a'}{o'b'}$$

est satisfaite (28), les points o et o' divisant, bien entendu, de la même manière les segments ab et $a'b'$, mais les constructions nécessitées par cette vérification ne sont pas plus simples que celles de la figure 59.

41. Problème. — *Reconnaître si deux droites de profil appartenant à des plans de profil différents sont parallèles.*

Soient (a, a'), (b, b') les points qui définissent la première droite de profil ; (c, c'), (d, d') les points qui définissent la seconde (*fig.* 60 et 61). Si ces droites sont parallèles, les droites

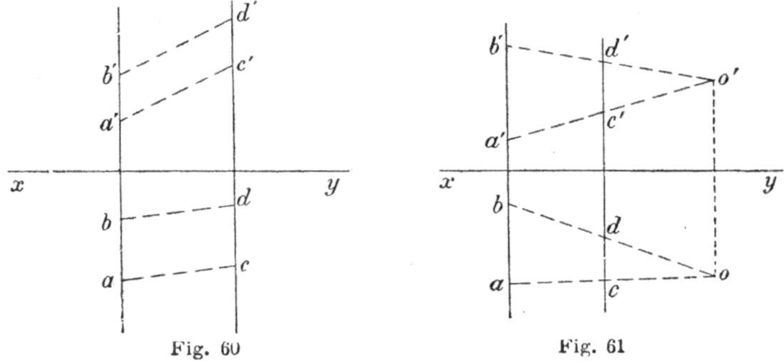

Fig. 60   Fig. 61

$(ac, a'c')$, $(bd, b'd')$ doivent être ou parallèles ou concourantes (39, Rem.) ; par suite leurs projections de même nom doivent être parallèles (*fig.* 60) ou se couper en deux points o et o' situés sur une même ligne de rappel (*fig.* 61).

REMARQUE. — Dans le cas où les droites $(ac, a'c')$, $(bd, b'd')$, sont parallèles (*fig.* 60), on voit que les figures $abcd$, $a'b'c'd'$ sont des parallélogrammes, c'est-à-dire que ab et cd, d'une part, $a'b'$ et $c'd'$, d'autre part, sont des segments égaux, parallèles et de même sens.

Dans le cas où les mêmes droites $(ac, a'c')$, $(bd, b'd')$ sont concourantes (*fig.* 61), les triangles semblables oab, ocd, d'une part, $o'a'b'$, $o'c'd'$, d'autre part, donnent

$$(1) \qquad \frac{ab}{cd} = \frac{ob}{od}, \qquad \frac{a'b'}{c'd'} = \frac{o'a'}{o'c'}.$$

Mais les parallèles oo', dc', ba' interceptent sur les droites ob, $o'a'$ des segments proportionnels, et l'on a

$$\frac{ob}{od} = \frac{o'a'}{o'c'};$$

par suite les relations (1) donnent

$$\frac{ab}{cd} = \frac{a'b'}{c'd'}.$$

Ces résultats sont d'ailleurs une conséquence du théorème démontré au n° 7.

42. Problème. — *Mener par un point* (m, m') *une parallèle à une droite donnée* $(ab, a'b')$.

Il suffit de mener par les projections du point donné les parallèles mn, $m'n'$ aux projections de même nom de la droite donnée (*fig.* 62), et on a les projections de la droite cherchée.

Cas où la droite donnée est de profil. — Si la droite donnée est de profil et déterminée par deux points (a, a'), (b, b') (*fig.* 63),

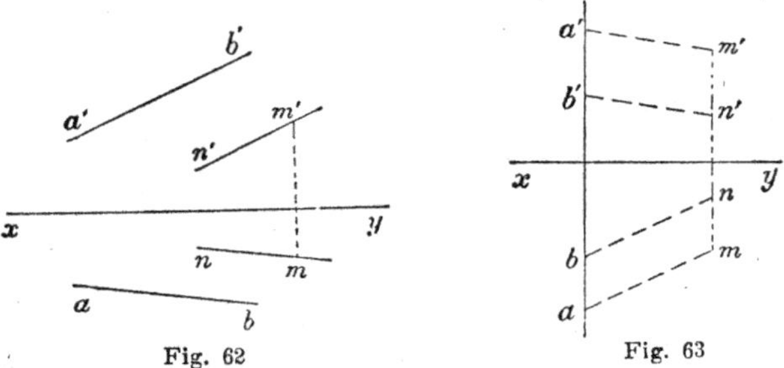

Fig. 62   Fig. 63

pour lui mener une parallèle par le point (m, m'), on trace les droites am, $a'm'$, puis on mène bn, $b'n'$ respectivement parallèles à ces droites et on marque les points n et n' où elles rencontrent la ligne de rappel mm' : les points (m, m'), (n, n') déterminent une droite de profil parallèle à la première (41, Rem.).

43. Problème. — *Reconnaître si deux droites de profil situées dans un même plan de profil sont parallèles.*

Soient quatre points (a, a'), (b, b'), (c, c'), (d, d') dont les projections sont sur une même ligne de rappel (*fig.* 64); pour reconnaître si les deux droites de profil $(ab, a'b')$, $(cd, c'd')$ sont parallèles, menons par un point quelconque (m, m') la parallèle $(mn, m'n')$ à la première (42); si les deux droites données sont parallèles, il en est de même des droites $(cd, c'd')$, $(mn, m'n')$, et réciproquement, de sorte qu'on est ramené à vérifier le parallélisme de deux droites de profil non situées dans un même plan de profil : pour cela on construit, par exemple, les droites $(cn, c'n')$, $(dm, d'm')$ et on vérifie que leurs projections de même nom se coupent en deux points o et o' situés sur une même ligne de rappel (41).

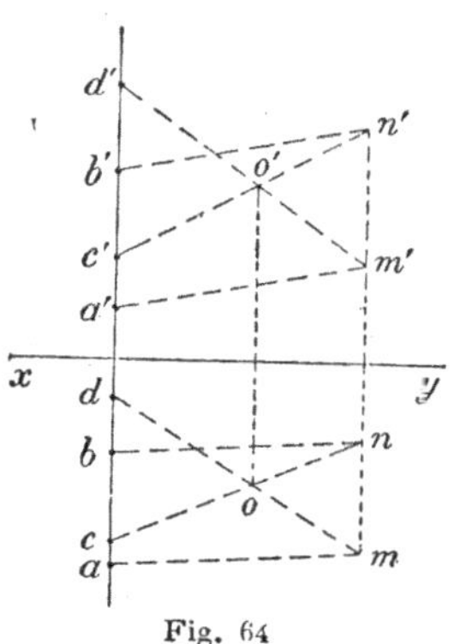
Fig. 64

Remarque. — Si les droites de profil sont parallèles, les segments de l'espace AB, CD sont parallèles, et, par suite, proportionnels à leurs projections sur un même plan (7) :

$$\frac{AB}{CD} = \frac{ab}{cd} = \frac{a'b'}{c'd'}.$$

Il est du reste évident, à cause des égalités $ab = mn$, $a'b' = m'n'$, que la vérification de la proportion $\dfrac{ab}{cd} = \dfrac{a'b'}{c'd'}$ revient à vérifier que les points o, o' sont sur une même ligne de rappel.

44. Problème. — *Trouver le point de rencontre de deux droites de profil situées dans un même plan de profil.*

Soient quatre points (a, a'), (b, b'), (c, c'), (d, d') dont les projections sont situées sur une même ligne de rappel (*fig.* 65); pour trouver le point commun aux deux droites de profil $(ab, a'b')$, $(cd, c'd')$, on fait un change-

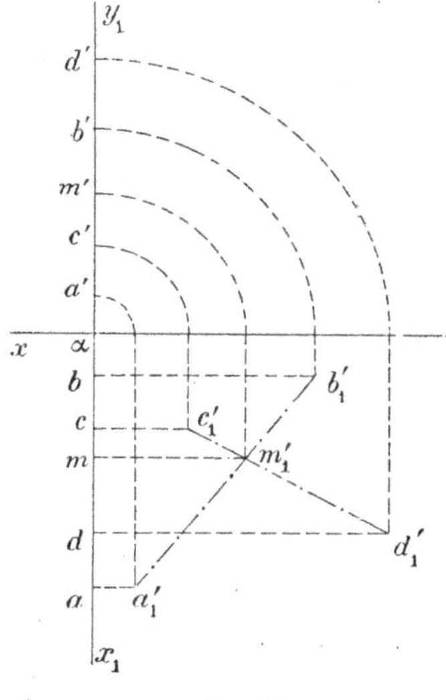
Fig. 65

ment de plan vertical en prenant comme nouvelle ligne de terre $x_1 y_1$ la droite $aba'b'\ldots$ et on détermine les projections verticales $a'_1 b'_1$, $c'_1 d'_1$ des deux droites dans ce nouveau système de projections ; $a'_1 b'_1$, $c'_1 d'_1$ se coupent en un point m'_1 qui est la projection verticale dans le nouveau système du point de rencontre des deux droites de profil ; on abaisse la perpendiculaire $m'_1 m$ sur $x_1 y_1$ et on porte à partir du point α sur $x_1 y_1$ une longueur $\alpha m' = mm'_1$: (m, m') est le point de rencontre cherché.

<h2 style="text-align:center">§ V.</h2>

Droites remarquables.

45. On appelle droites remarquables les droites parallèles ou perpendiculaires aux plans de projection, à la ligne de terre, aux plans bissecteurs.

1° *Horizontales.* — Une droite *parallèle au plan horizontal* s'appelle une horizontale. Tous les points d'une horizontale ont même cote, par suite leurs projections verticales sont à la même

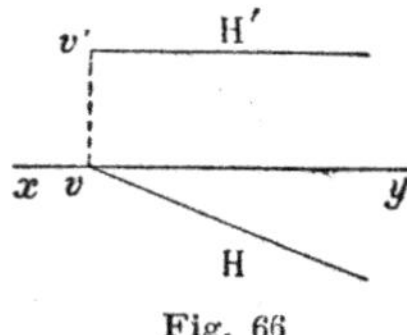

Fig. 66

distance de la ligne de terre : il s'ensuit que *la projection verticale* H' *d'une horizontale est parallèle à la ligne de terre* (*fig.* 66); la projection horizontale H est quelconque, elle est parallèle à la droite dans l'espace (5, III). La trace verticale v' d'une horizontale se détermine comme pour une droite quelconque (29), mais la construction indiquée pour déterminer la trace horizontale tombe en défaut, puisque la projection verticale de la droite ne rencontre pas la ligne de terre : *une horizontale n'a pas de trace horizontale.*

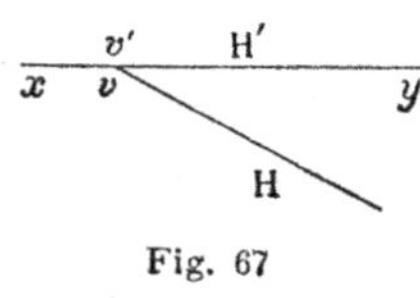

Fig. 67

Une droite H du plan horizontal coïncide évidemment avec sa projection horizontale (*fig.* 67), et sa projection verticale H' coïncide avec la ligne de terre, puisque tous ses points ont une cote nulle.

2° *Droites de front.* — Une droite *parallèle au plan vertical* s'appelle une *frontale* ou encore une *droite de front.* Tous les points d'une droite de front ont même éloignement, par suite leurs projections horizontales sont à la même distance de la ligne de terre ; donc la *projection horizontale* F *d'une droite de front est parallèle à la ligne de terre* (*fig.* 68) ; la projection verticale F′, qui est quelconque, est parallèle à la droite dans l'espace. La trace horizontale *h* se détermine comme pour une droite quelconque, mais *une droite de front n'a pas de trace verticale.*

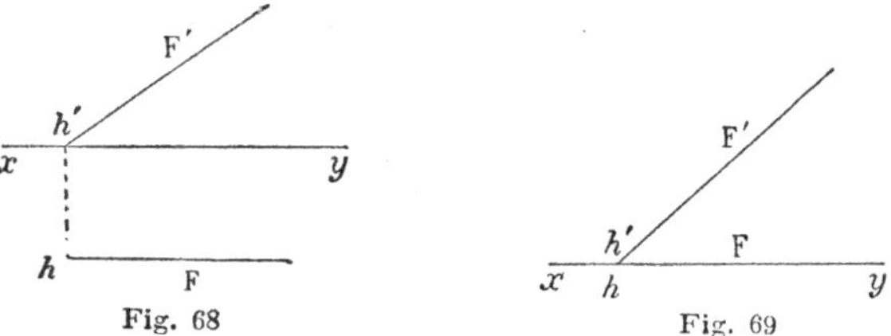

Fig. 68   Fig. 69

Une droite (F, F′) du plan vertical coïncide avec sa projection verticale F′ et sa projection horizontale F coïncide avec la ligne de terre (*fig.* 69).

3° *Droites parallèles à la ligne de terre.* — Une droite parallèle à la ligne de terre est à la fois une horizontale et une droite de front, donc ses deux projections *ab* et *a′b′* (*fig.* 70) sont parallèles à la ligne de terre ; *une parallèle à la ligne de terre n'a ni trace horizontale ni trace verticale.*

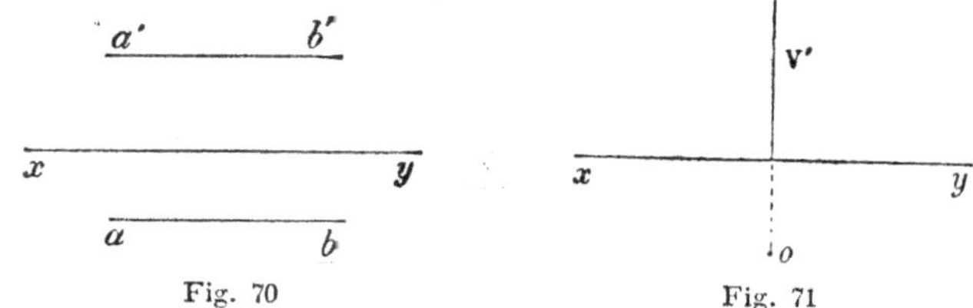

Fig. 70   Fig. 71

4° *Verticales.* — Une droite *perpendiculaire au plan horizontal* s'appelle une *verticale* ; sa projection horizontale se réduit à sa trace horizontale *o* (5, I), et sa projection verticale V′ est la perpendiculaire à la ligne de terre menée par le point *o* (*fig.* 71). Une verticale est une droite de front particulière, *elle n'a donc pas de trace verticale.*

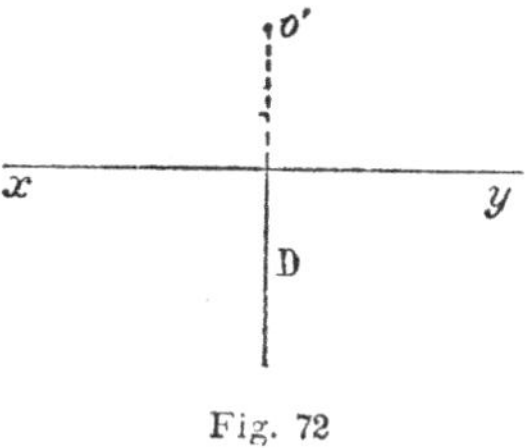

Fig. 72

5° *Droite de bout.* — Une droite *perpendiculaire au plan vertical* s'appelle une *droite de bout* ; sa projection verticale se réduit à sa trace verticale o', et sa projection horizontale D est la perpendiculaire menée par o' à la ligne de terre (*fig.* 72). Une droite de bout est une horizontale particulière ; elle n'a pas de trace horizontale.

6° *Droites perpendiculaires à la ligne de terre.* — Ce sont les droites de profil, que nous avons déjà étudiées.

7° *Droites du deuxième plan bissecteur.* — Tout point d'une droite du second bissecteur ayant ses projections confondues (20, 5°) les deux projections ab, $a'b'$ de la droite sont elles-mêmes confondues (*fig.* 73). Ses deux traces h, v' sont *confondues* au

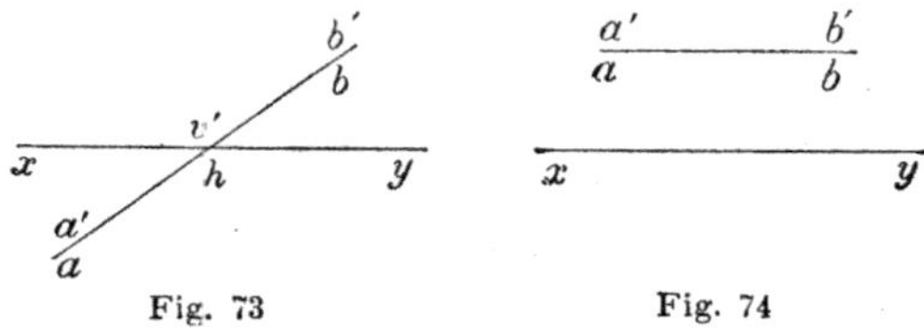

Fig. 73   Fig. 74

point où elle rencontre xy, à moins que la droite ne soit parallèle à la ligne de terre (*fig.* 74), auquel cas elle n'a ni trace horizontale, ni trace verticale.

8° *Droites du premier plan bissecteur.* — Tout point d'une droite du premier bissecteur ayant ses projections symétriques par rapport à la ligne de terre (20, 4°), les deux projections ab, $a'b'$ de la droite sont elles-mêmes *symétriques par rapport à xy* (*fig.* 75). Ses traces h, v' sont confondues au point où elle rencontre xy, à moins que la droite ne soit parallèle à la ligne de

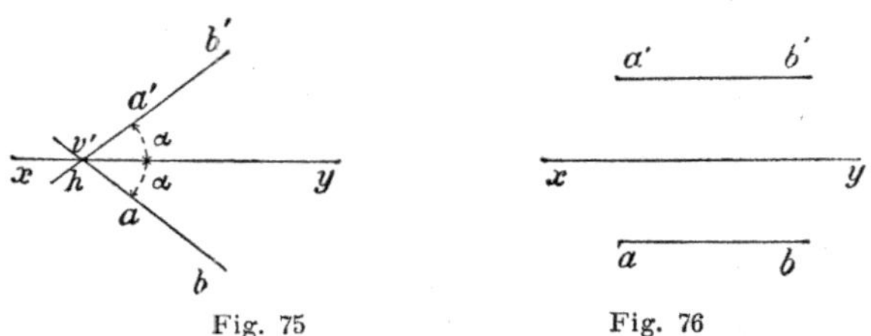

Fig. 75   Fig. 76

terre, auquel cas ab et $a'b'$, tout en restant symétriques par rapport à xy, lui sont parallèles (*fig.* 76) ; la droite n'a alors ni trace horizontale ni trace verticale.

Les réciproques des huit cas précédents sont évidentes ; au surplus, nous laissons au lecteur le soin de les démontrer.

9° *Droites parallèles au deuxième plan bissecteur.* — Soit

$(ab, a'b')$ une droite parallèle au deuxième plan bissecteur (*fig.* 77) ; une telle droite est parallèle à une droite $(cd, c'd')$ du deuxième bissecteur ; or, les projections de $(cd, c'd')$ sont confondues, et comme elles sont respectivement parallèles à ab et $a'b'$, il s'ensuit que ab et $a'b'$ *sont parallèles entre elles.*

RÉCIPROQUEMENT, *lorsque les deux projections $ab, a'b'$ d'une droite sont parallèles entre elles, la droite est parallèle au deuxième plan bissecteur* ; car si on mène par un point (m, m') de xy une parallèle à cette droite (*fig.* 77), les deux projections cd et $c'd'$ de cette parallèle sont confondues, ce qui montre qu'elle est contenue tout entière dans le deuxième bissecteur ; donc la droite $(ab, a'b')$, parallèle à une droite $(cd, c'd')$ du deuxième bissecteur, est parallèle à ce plan.

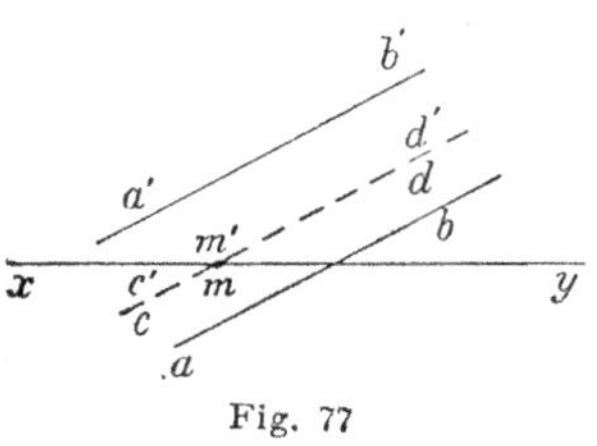

Fig. 77

10° *Droites parallèles au premier plan bissecteur.* — Soit $(ab, a'b')$ une droite parallèle au premier bissecteur (*fig.* 78) ; cette droite est parallèle à une droite $(cd, c'd')$ du premier bissecteur ; or les projections de $(cd, c'd')$ sont symétriques par rapport à xy, et comme elles sont respectivement parallèles à ab et $a'b'$, il s'ensuit que $ab, a'b'$ sont également inclinées sur xy, sans toutefois se couper sur la ligne de terre.

RÉCIPROQUEMENT, *toute droite $(ab, a'b')$ dont les projections sont également inclinées sur la ligne de terre sans la couper au même point est parallèle au premier plan bissecteur,* car si on mène par un point m, m' de xy une parallèle à cette droite (*fig.* 78), les deux projections $cd, c'd'$ de cette parallèle sont symétriques par rapport à xy, ce qui montre qu'elle est contenue tout entière dans le premier plan bissecteur ; donc la droite $(ab, a'b')$, parallèle à une droite $(cd, c'd')$ du premier plan bissecteur, est parallèle à ce plan.

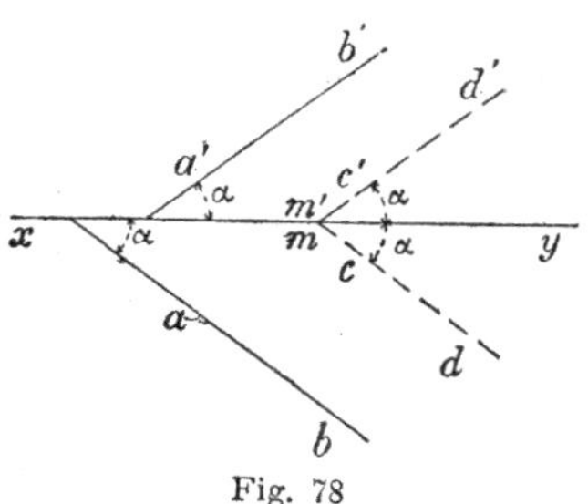

Fig. 78

11° *Droites perpendiculaires au premier plan bissecteur.* — Les droites perpendiculaires au premier plan bissecteur sont des droites de profil, car elles sont perpendiculaires à la ligne de

terre ; de plus elles sont parallèles au deuxième plan bissecteur.
Prenons alors sur une même perpendiculaire à xy deux points
(a, a'), (b, b') appartenant au second plan
bissecteur (*fig.* 79); la droite $(ab, a'b')$ est
alors une droite de profil du deuxième plan
bissecteur, par suite une droite perpendiculaire au premier plan bissecteur. Il en résulte que toutes les droites perpendiculaires
au premier plan bissecteur sont parallèles
à la droite $(ab, a'b')$; proposons-nous de
mener celle qui passe par un point (m, m')
choisi arbitrairement. Pour cela, il suffit de
répéter les constructions faites pour mener
par un point une parallèle à une droite de
profil (42) ; on joint am, $a'm'$, et on mène
ensuite bn parallèle à am et $b'n'$ parallèle
à $a'm'$; ces parallèles rencontrent la ligne
de rappel du point (m, m') aux points n et n',

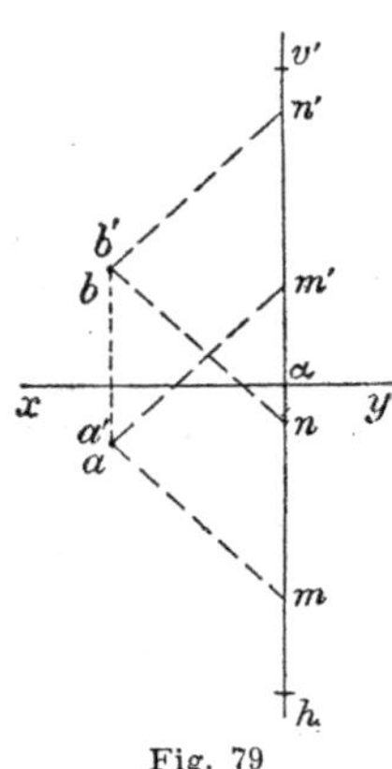

Fig. 79

et les deux points (m, m'), $(n'n')$ déterminent la droite cherchée.

Les deux parallélogrammes $abnm$, $abn'm'$ montrent que les
segments mn, $m'n'$, tous deux égaux au segment ab et de même
sens que lui, sont eux-mêmes égaux et de même sens, d'où la
conclusion suivante :

Les projections mn, $m'n'$, d'un segment MN *porté sur une
perpendiculaire au premier bissecteur sont des segments égaux
et de même sens.*

Cette remarque permet de trouver aisément les traces de la
droite $(mn, m'n')$; en effet, la trace verticale v', par exemple,
ayant pour projection horizontale le point α où la droite mn rencontre la ligne de terre, les segments $m\alpha$, $m'v'$ sont égaux et de
même sens, et il suffit, par conséquent, de porter dans le même
sens que $m\alpha$ une longueur $m'v' = m\alpha$, pour avoir le point v'. La
trace horizontale h s'obtient de même en portant dans le même
sens que $m'\alpha$ une longueur $mh = m'\alpha$. D'ailleurs, puisque le
segment hv' de la droite a pour projections $h\alpha$ et $\alpha v'$, les segments
$h\alpha$ et $\alpha v'$ sont égaux et de même sens, ou encore :

*Les traces d'une perpendiculaire au premier bissecteur sont
symétriques par rapport à la ligne de terre.*

Les deux propriétés que nous venons de démontrer relativement aux droites perpendiculaires au premier bissecteur com-
portent chacune une réciproque :

Lorsque les projections d'un même segment MN *d'une droite de profil sont égales et de même sens, la droite est perpendiculaire au premier bissecteur.*

En effet, soient (m, m') et (n, n') les points qui déterminent la droite de profil $(mn, m'n')$ et supposons que les segments mn, $m'n'$ soient égaux et de même sens (*fig.* 79) ; par un point quelconque (a, a') du deuxième plan bissecteur menons la parallèle à cette droite de profil ; il suffit pour cela de porter sur la ligne de rappel du point (a, a) des segments ab, $a'b'$ respectivement égaux aux segments mn, $m'n'$ et de même sens (42) ; la droite $(ab, a'b')$ est la parallèle cherchée. Or, en vertu de l'hypothèse faite sur les segments mn, $m'n'$, il est évident que les points b et b' coïncident, donc le point (b, b') est dans le deuxième plan bissecteur ; la droite $(ab, a'b')$ est donc une droite de profil contenue dans le deuxième plan bissecteur, puisqu'elle a deux points dans ce plan ; il en résulte qu'elle est perpendiculaire au premier plan bissecteur et il en est de même de sa parallèle $(mn, m'n')$.

La seconde réciproque : *Toute droite dont les traces h, v' sont symétriques par rapport à la ligne de terre est perpendiculaire au premier plan bissecteur* est un cas particulier de la première. En effet, d'abord la droite est de profil, car ses deux projections sont dirigées suivant la même perpendiculaire hv' à la ligne de terre, et, d'autre part, en désignant par α le point où cette perpendiculaire rencontre xy, on voit que les deux projections $h\alpha$ et $\alpha v'$ du segment compris entre les traces de la droite sont des segments égaux et de même sens.

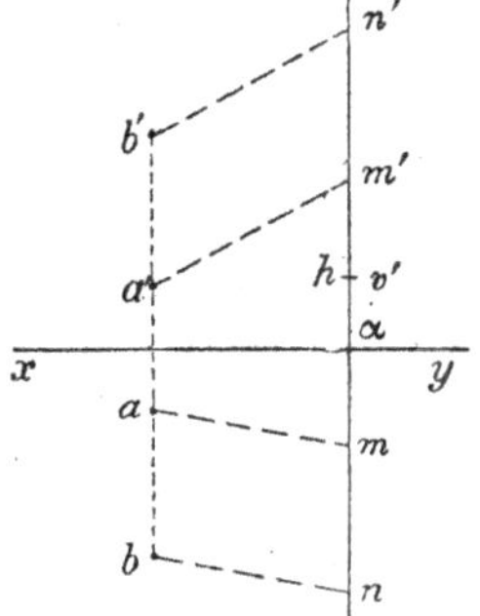

Fig. 80

12° *Droites perpendiculaires au deuxième plan bissecteur.* — Les droites perpendiculaires au deuxième plan bissecteur sont des droites de profil parallèles au premier plan bissecteur. Prenons alors sur une même perpendiculaire à xy deux couples de points a, a' et b, b' tels que les points de chaque couple soient symétriques par rapport à la ligne de terre (*fig.* 80); les points dont les projections sont (a, a') et (b, b') sont deux points du premier plan bissecteur, et la droite $(ab, a'b')$ est une droite de profil contenue tout entière dans ce plan, elle est donc perpendiculaire au deuxième plan bissecteur. Il en résulte que toutes les perpendiculaires au deuxième plan bissecteur sont parallèles à la droite $(ab, a'b')$; construisons celle qui passe par un point (m, m') arbitrairement donné.

Pour cela, joignons $am, a'm'$ et menons bn parallèle à $am, b'n'$ parallèle à $a'm'$ (42) ; si on désigne par n et n' les points où ces parallèles rencontrent la ligne de rappel du point (m, m'), les points (m, m'), (n, n') définissent la droite cherchée. Par construction, les segments ab et $a'b'$ sont égaux et de sens contraires ; les parallélogrammes $abmn, a'b'm'n'$ montrent que les segments ab, mn sont égaux et de même sens, ainsi que les segments $a'b', m'n'$; il en résulte que les segments $mn, m'n'$ sont égaux et de sens contraires, d'où la conclusion suivante :

Les projections $mn, m'n'$ *d'un segment* MN *porté sur une perpendiculaire au deuxième plan bissecteur sont des segments égaux et de sens contraires.*

Cette remarque permet, comme dans le cas précédent, de construire aisément les traces de la droite $(mn, m'n')$; pour avoir la trace verticale v' on porte en sens contraire de $m\alpha$ la longueur $m'v' = m\alpha$, et pour avoir la trace horizontale h on porte en sens contraire de $m'\alpha$ la longueur $mh = m'\alpha$. D'ailleurs le segment hv' de l'espace, limité par les traces de la droite, ayant pour projections $h\alpha$ et $\alpha v'$, il en résulte que les segments $h\alpha$ et $\alpha v'$ sont égaux et de sens contraires, ou bien encore que les segments αh et $\alpha v'$ sont égaux et de même sens, ce qui exige nécessairement que les points h et v' coïncident. Donc *les traces d'une perpendiculaire au deuxième plan bissecteur sont confondues.*

Ces deux propriétés des droites perpendiculaires au deuxième plan bissecteur donnent lieu aux deux réciproques suivantes :

Lorsque les projections d'un segment MN *d'une droite de profil sont des segments égaux et de sens contraires, la droite est perpendiculaire au deuxième plan bissecteur.*

En effet, soient m, m', n, n', les points qui déterminent la droite de profil $(mn, m'n')$, et supposons les segments $mn, m'n'$ égaux et de sens contraires (*fig.* 80). Par un point quelconque (a, a') du premier plan bissecteur, menons la parallèle à la droite de profil $(mn, m'n')$; pour cela, sur la ligne de rappel du point (a, a'), portons les segments ab et $a'b'$ respectivement égaux aux segments mn et $m'n'$ et de même sens ; la droite de profil $(ab, a'b')$ est la parallèle cherchée. Or, puisque mn et $m'n'$ sont des segments égaux et de sens contraires, il en est de même des segments ab et $a'b'$ et comme a et a' sont symétriques par rapport à la ligne de terre, b et b' sont alors dans le même cas, par suite le point $(b,\ b')$ est un point du premier plan bissecteur. La droite $(ab,\ a'b')$ est donc une droite de profil contenue tout entière dans le premier plan bissecteur, puisqu'elle a deux points dans ce plan ; il en résulte qu'elle est perpendiculaire au deuxième plan bissecteur et il en est de même de sa parallèle $(mn,\ m'n')$.

La deuxième réciproque : *Si une droite a ses deux traces h, v' confondues, elle est perpendiculaire au deuxième plan bissecteur*, est une conséquence de la première.

En effet, soit α le point où la ligne de rappel du point h (ou v') rencontre xy (*fig.* 80) ; les deux projections de la droite étant dirigées suivant la même perpendiculaire $h\alpha$ (ou $v'\alpha$) à la ligne de terre, cette droite est de profil. D'autre part, il est évident que les projections $h\alpha$, $\alpha v'$ du segment limité par les traces de la droite sont égaux et de sens contraires.

<h2 style="text-align:center">§ VI.</h2>

<h3 style="text-align:center">Angle d'une droite avec le plan horizontal.
Pente d'une droite.</h3>

46. *Par définition*, l'angle d'une droite avec un plan est l'angle *aigu* que fait cette droite avec sa projection sur le plan ; il en résulte que l'angle d'une droite de l'espace avec le plan horizontal est l'angle aigu que fait cette droite avec sa projection horizontale. Nous allons montrer comment on peut déterminer cet angle lorsque la droite est donnée par ses deux projections :

1° *La droite donnée $(ab,\ a'b')$ est de front* (*fig.* 81).

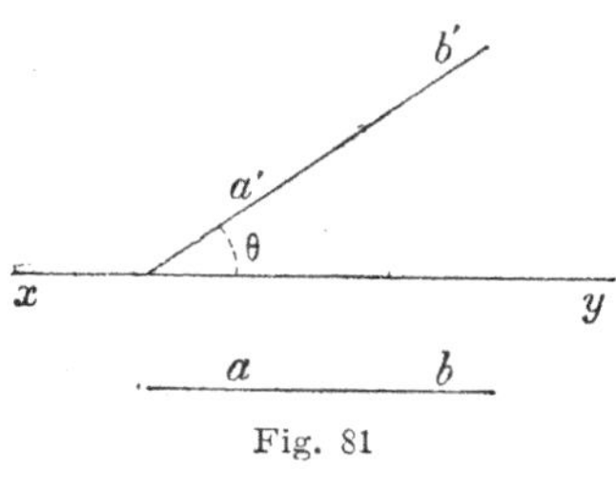

Fig. 81

La droite de front AB, dont les projections sont ab et $a'b'$, est parallèle à sa projection verticale $a'b'$ (45, 2°); d'autre part, sa projection horizontale est parallèle à xy. Il en résulte que les angles formés par la droite AB avec sa projection horizontale sont égaux aux angles formés par la projection verticale de la droite avec la ligne de terre. Donc :

L'angle d'une droite de front $(ab,\ a'b')$ avec le plan horizontal est l'angle aigu θ formé par la projection verticale de la droite avec la ligne de terre.

2° *La droite donnée est quelconque.*

Soient AB une droite quelconque de l'espace non parallèle au

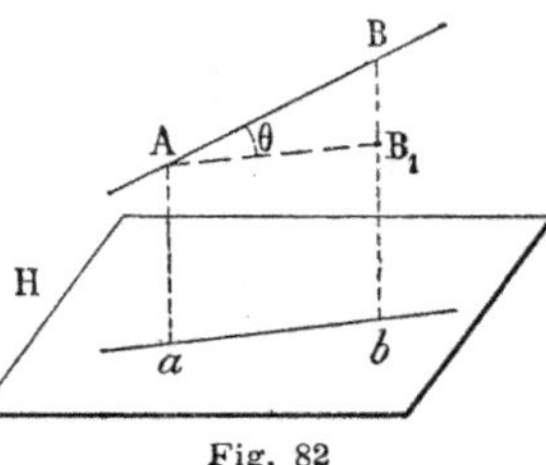
Fig. 82

plan horizontal H et *ab* sa projection sur ce plan (*fig.* 82). Par un point A pris arbitrairement sur cette droite menons la parallèle AB_1 à *ab* jusqu'au point B_1 où elle rencontre la projetante B*b* d'un autre point B de la droite. L'angle aigu $BAB_1 = \theta$ du triangle rectangle BAB_1 est l'angle formé par la droite AB avec le plan horizontal H. Or, on a d'une part $AB_1 = ab$, et d'autre part $BB_1 = Bb - Aa$, ce qui montre que le segment BB_1 mesure la différence des cotes des points A et B ; donc :

Étant donnée une droite quelconque de l'espace, si on construit un triangle rectangle dont les côtés de l'angle droit sont respectivement égaux, le premier à la projection horizontale d'un segment quelconque de cette droite, le second à la différence des cotes des extrémités de ce segment, l'angle opposé, dans le triangle, à ce dernier côté, mesure l'angle de la droite avec le plan horizontal.

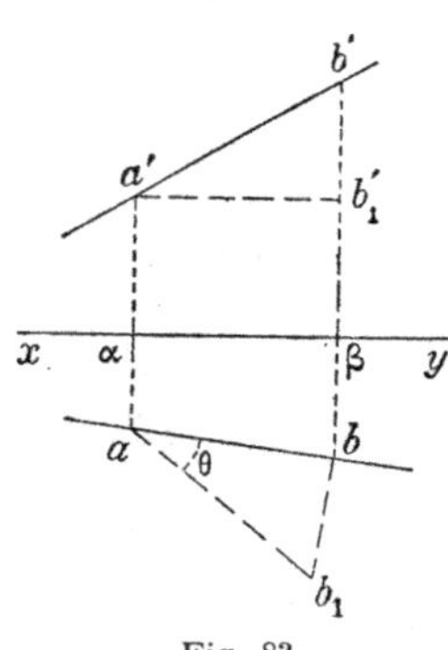
Fig. 83

Soit alors une droite quelconque (*ab*, *a'b'*) qui ne soit pas horizontale (*fig.* 83); prenons deux points quelconques (*a, a'*) et (*b, b'*) sur cette droite et par *a'* menons la parallèle $a'b_1'$ à *xy* ; il est évident que le segment $b'b_1'$ mesure la différence des cotes des points (*a, a'*) et (*b, b'*). Par suite, si au point *b* on élève une perpendiculaire à *ab* sur laquelle on porte une longueur $bb_1 = b'b_1'$, l'angle bab_1 du triangle rectangle bab_1, opposé à bb_1, est l'angle de la droite donnée avec le plan horizontal.

47. Pente d'une droite. — *On appelle pente d'une droite, la tangente trigonométrique de l'angle de cette droite avec le plan horizontal.*

Ainsi, si on désigne par θ l'angle d'une droite AB avec le plan horizontal, par *p* sa pente, on a

$$p = \operatorname{tg} \theta. \qquad (1)$$

En se reportant à la figure 83, on voit que

$$p = \operatorname{tg} \theta = \frac{\overline{bb_1}}{\overline{ab}} = \frac{\overline{b'b'_1}}{\overline{ab}},$$

ou
$$p = \frac{b'\beta - a'\alpha}{ab}; \qquad (2)$$

d'où il résulte que :

La pente d'une droite est égale à la valeur absolue du rapport qui existe entre la différence des cotes de deux points quelconques de cette droite et la distance qui sépare les projections horizontales des mêmes points.

En particulier, si la droite est de profil, la différence des cotes de deux points de la droite est mesurée par le segment compris entre les projections verticales de ces points ; donc

La pente d'une droite de profil est égale au rapport de la projection verticale à la projection horizontale d'un segment quelconque de cette droite.

48. Intervalle d'une droite. — Supposons que la différence des cotes des points (a, a') et (b, b') (*fig.* 83) soit égale à l'unité, $b'\beta - a'\alpha = 1$, et posons $ab = \mu$; la formule (2) s'écrit

$$p = \frac{1}{\mu}. \qquad (3)$$

Le nombre μ, qui mesure la distance des projections horizontales de deux points d'une droite dont les cotes diffèrent d'une unité, s'appelle l'*intervalle* ou le *module* de cette droite ; la relation (3) montre que *la pente et l'intervalle d'une droite sont deux nombres inverses l'un de l'autre.*

C'est en géométrie cotée que les notions de pente et d'intervalle prennent toute leur importance.

EXERCICES

1. Déterminer sur une droite donnée par ses projections : 1° un point de cote donnée ; 2° un point d'éloignement donné.

2. Déterminer sur une droite donnée par ses projections un point dont le rapport de la cote à l'éloignement soit donné.

3. Déterminer sur une horizontale ou une droite de front donnée un point dont on connaît la distance à la ligne de terre.

4. Mener par un point donné une horizontale dont la trace verticale soit à une distance donnée d'un point donné du plan vertical.

5. Mener par un point donné une droite de profil telle que les distances de ses deux traces à la ligne de terre soient dans un rapport donné.

6. Trouver les points d'intersection d'une droite de profil avec les deux plans bissecteurs.

7. Construire les projections des points symétriques d'un point donné par rapport aux deux plans bissecteurs.

8. Mener par un point donné une droite de pente donnée rencontrant une horizontale donnée.

9. Mener par un point une droite de pente donnée sachant que les distances de sa trace horizontale à deux points du plan horizontal sont dans un rapport donné.

10. Mener une droite de profil de pente donnée rencontrant deux droites données, non situées dans un même plan.

CHAPITRE III

LE PLAN

———

§ I.

Représentation du plan.

49. En géométrie, un plan est déterminé :
1° Par deux droites qui se coupent ;
2° Par deux droites parallèles ;
3° Par une droite et un point extérieur à cette droite ;
4° Par trois points non en ligne droite.

En réalité ces diverses déterminations ne sont pas distinctes et se ramènent facilement l'une à l'autre. Ainsi, dans le deuxième cas, en joignant un point quelconque de l'une des deux droites parallèles à un point quelconque de l'autre ; dans le troisième cas, en joignant le point donné à un point quelconque de la droite donnée ; dans le quatrième cas, en joignant deux des trois points donnés au troisième, le plan sera déterminé par deux droites qui se coupent.

Il est dès lors évident qu'en géométrie descriptive un plan pourra toujours être représenté par les projections de deux droites concourantes.

50. Problème. — *Un plan étant défini par les projections de deux droites concourantes, construire : 1° les projections d'une droite du plan ; 2° les projections d'un point du plan.*

Soit le plan déterminé par les deux droites $(oa, o'a')$, $(ob, o'b')$, qui se coupent au point (o, o') (*fig.* 84 et 85).

1° Prenons un point quelconque (m, m') sur la première

droite (*fig*. 84) et un point quelconque (n, n') sur la seconde ;
la droite (mn, $m'n'$) est une droite du plan donné.

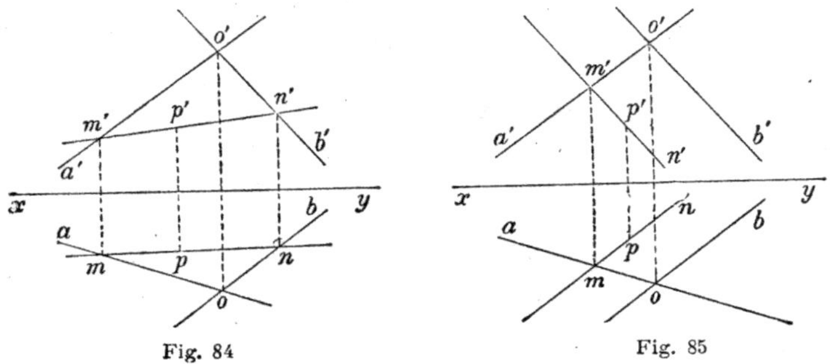

Fig. 84   Fig. 85

On peut aussi mener par un point quelconque (m, m') (*fig*. 85) de
la droite (oa, $o'a'$), la parallèle (mn, $m'n'$) à la droite (ob, $o'b'$) et on
obtient encore par ce procédé une droite du plan donné.

2° En prenant un point quelconque (p, p') sur la droite
(mn, $m'n'$), on a les projections d'un point du plan donné.

51. Problème. — *Connaissant l'une des projections d'une
droite ou d'un point situé dans un plan donné, trouver l'autre
projection de la droite ou du point.*

1° Soit par exemple mn la projection horizontale d'une droite
située dans le plan déterminé par les droites concourantes
(oa, $o'a'$) et (ob, $o'b'$) (*fig*. 84 et 85). On sait que deux droites
situées dans un même plan sont concourantes ou parallèles ; la
droite cherchée ne pouvant être parallèle à la fois aux deux
droites (oa, $o'a'$) et (ob, $o'b'$), puisque ces droites se coupent,
rencontre au moins l'une d'elles. Supposons qu'elle rencontre
(oa, $o'a'$) ; sa projection horizontale mn coupe alors nécessairement oa en un point m ; en relevant m en m' sur $o'a'$, on a un
premier point de la projection verticale inconnue. Deux cas peuvent maintenant se présenter : ou bien mn rencontre également
ob en un point n (*fig*. 84), et en relevant n en n' sur $o'b'$ on a,
en $m'n'$, la projection verticale de la droite ; ou bien mn est
parallèle à ob (*fig*. 85), et la projection verticale cherchée est la
parallèle $m'n'$ à $o'b'$ menée par le point m'.

2° Soit p la projection horizontale d'un point du plan (*fig*. 84
et 85) ; pour déterminer la projection verticale de ce point, on
trace une droite quelconque mn passant par p, puis on détermine

comme précédemment la projection verticale $m'n'$ de la droite du plan dont la projection horizontale est mn ; en relevant ensuite p en p' sur $m'n'$ on a la projection verticale du point.

Un raisonnement analogue permet d'obtenir la projection horizontale d'une droite ou d'un point situés dans un plan, connaissant la projection verticale de cette droite ou de ce point.

52. REMARQUE I. — Si la projection horizontale mn de la droite dont on cherche la projection verticale passe par le point o où se coupent les projections horizontales des droites qui déterminent le plan (*fig.* 86), le raisonnement précédent est en défaut ; on construit alors comme plus haut les projections cd et $c'd'$ d'une droite quelconque du plan, on marque le point p où se rencontrent cd et mn, on rappelle p en p' sur $c'd'$, et la projection verticale cherchée est la droite $o'p'$. Cela revient à substituer, pour définir le plan, la droite $(cd, c'd')$ à l'une des droites $(oa, o'a')$ ou $(ob, o'b')$.

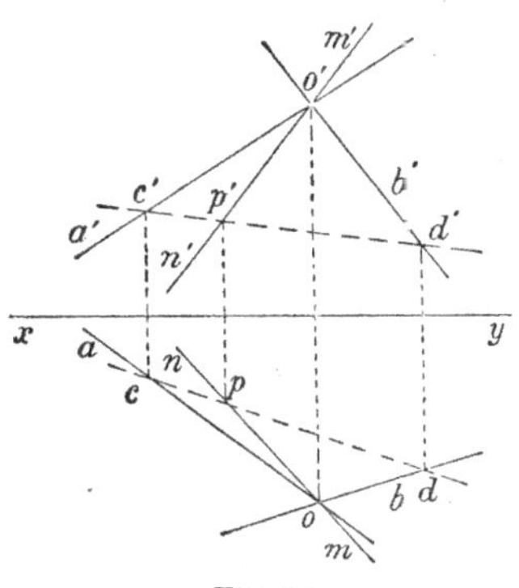

Fig. 86

53. REMARQUE II. — De même, lorsque la droite mn rencontre hors des limites de l'épure la projection horizontale ob de l'une des droites définissant le plan (*fig.* 87), on substitue à cette droite une autre droite $(cd, c'd')$ du plan, choisie de manière que sa projection horizontale rencontre mn en un point p situé dans le cadre de l'épure ; on obtient alors la projection verticale $m'p'$ de la droite cherchée en appliquant la méthode générale au plan défini par les droites $(oa, o'a')$ et $(cd, c'd')$.

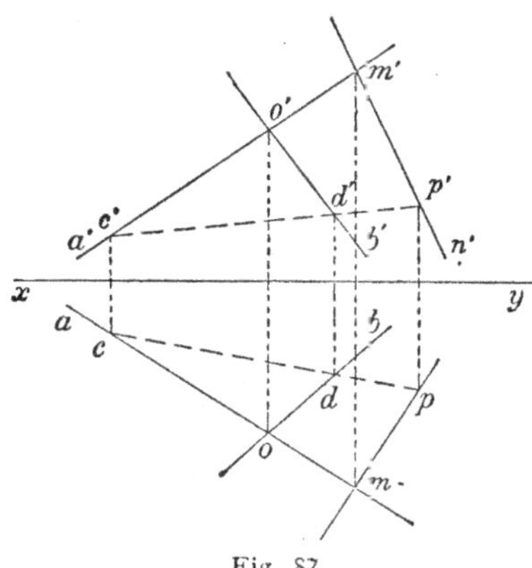

Fig. 87

54. REMARQUE III. — Le problème précédent permet de reconnaître si une droite (*mn, m′n′*) appartient au plan défini par les deux droites (*oa, o′a′*) et (*ob, o′b′*). Il suffit, en effet, de chercher la projection verticale de la droite du plan dont la projection horizontale est *mn* ; suivant que cette projection verticale coïncide ou ne coïncide pas avec *m′n′*, la droite appartient ou n'appartient pas au plan.

On reconnaît de la même manière qu'un point donné par ses projections est ou n'est pas situé dans un plan défini par deux droites concourantes.

§ II.

Traces d'un plan.

55. Définitions. — La droite d'intersection d'un plan avec le plan horizontal s'appelle la *trace horizontale* de ce plan ; de même la droite d'intersection d'un plan avec le plan vertical est la *trace verticale* du plan.

Lorsqu'un plan contient la ligne de terre, ses traces coïncident avec la ligne de terre.

Les traces d'un plan parallèle à la ligne de terre sont elles-mêmes parallèles à la ligne de terre, car le plan donné et les plans de projection forment un prisme triangulaire dont les arêtes, qui sont des droites parallèles entre elles, sont précisément les traces du plan et la ligne de terre.

Les traces d'un plan non parallèle à la ligne de terre se coupent sur la ligne de terre, car si α est le point de rencontre de cette droite et du plan, α est le sommet d'un trièdre dont les faces sont le plan donné et les plans de projection, et dont les arêtes sont la ligne de terre et les traces du plan.

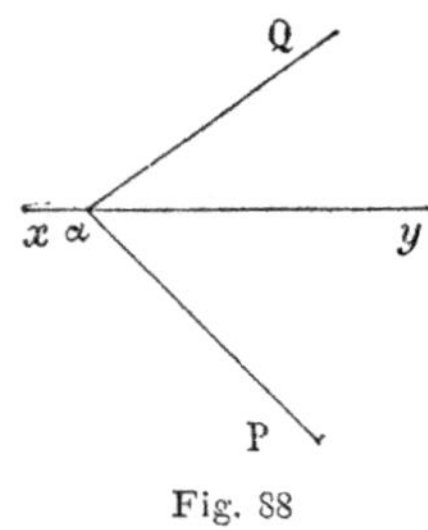

Fig. 88

Souvent, au lieu de définir un plan par deux droites quelconques, on le définit par ses traces ; ce mode de représentation ne diffère pas au fond du premier, car les traces d'un plan sont deux droites concourantes ou parallèles du plan. Ainsi, si Pα et Qα sont respectivement les traces horizontale et verticale d'un plan rencontrant la ligne de terre (*fig.* 88), Pα est une droite du plan qui coïncide avec sa projection horizontale et dont la projection verticale est la ligne de terre (45, 1°); de même Qα est une droite du plan coïncidant avec sa projection verticale et dont la projection horizontale est xy.

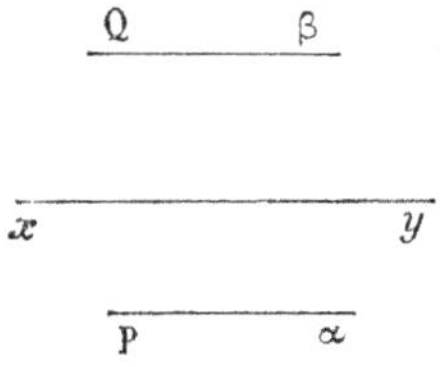

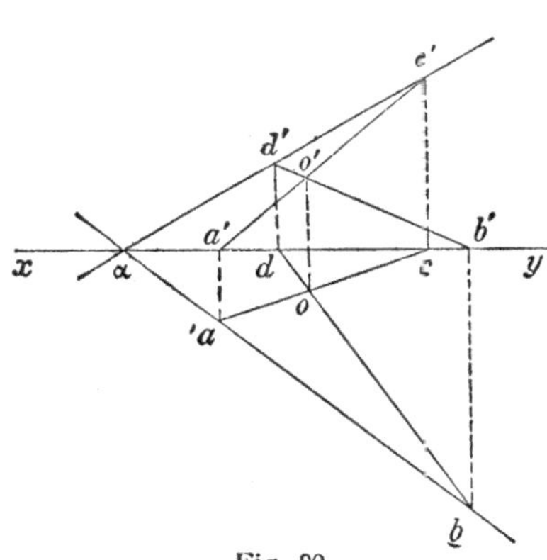

Fig. 89

La figure 89 est l'épure d'un plan parallèle à la ligne de terre défini par ses traces Pα et Qβ, elles-mêmes parallèles à xy.

Pour montrer l'équivalence des deux modes de représentation, nous allons résoudre les problèmes qui permettent de passer de l'un à l'autre.

56. Problème. — *Construire les traces d'un plan défini par deux droites concourantes.*

Soit un plan défini par deux droites $(oa, o'a')$, $(ob, o'b')$ (*fig.* 90). La droite d'intersection de deux plans pouvant être considérée comme le lieu géométrique des points de rencontre des droites de l'un d'eux avec l'autre, il en résulte que chacune des traces d'un plan est le lieu des traces de même nom des droites de ce plan.

D'après cela, en construisant comme nous l'avons dit (29), les traces horizontales a et b des deux droites qui définissent le plan, puis leurs traces verticales c' et d', on aura en ab la trace horizontale du plan et en $c'd'$ sa trace verticale.

Fig. 90

Ces deux traces doivent rencontrer xy au même point α ou lui être parallèles. Cette remarque permet de vérifier l'exactitude des constructions ou d'éviter la construction de l'un des quatre points a, b, c', d'.

57. *Les droites définissant le plan se rencontrent en un point de la ligne de terre.*

Les constructions précédentes sont en défaut lorsque le plan est défini par deux droites $(ab, a'b')$, $(ac, a'c')$, se coupant en un point a de la ligne de terre (*fig.* 91), car les traces horizontales et verticales de ces deux droites sont alors confondues

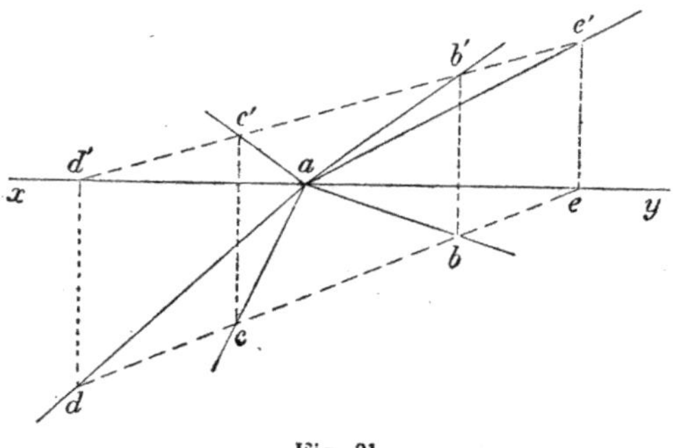

Fig. 91

au point a ; les deux traces du plan concourent en a, mais pour les obtenir, il est nécessaire de construire un autre point de chacune d'elles. Pour cela, on construit une droite quelconque $(bc, b'c')$ du plan donné (50), puis on détermine sa trace horizontale d et sa trace verticale e' ; les traces horizontale et verticale du plan sont alors les droites ad et ae'.

58. *Le plan est défini par deux droites concourantes, l'une d'elles parallèle à la ligne de terre.*

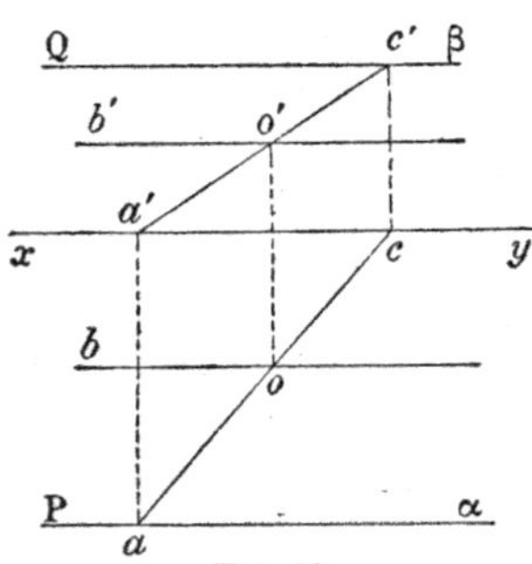

Fig. 92

Tout plan défini par une droite quelconque $(oa, o'a')$ et une droite $(ob, o'b')$ parallèle à xy (*fig.* 92) rencontrant la première au point (o, o') est lui-même parallèle à la ligne de terre ; donc ses traces sont aussi parallèles à xy (55), et pour les obtenir il suffit de chercher un point de chacune d'elles, par exemple les traces a et c' de la droite $(oa, o'a')$; les traces du plan sont alors les parallèles à la ligne de terre Pα et Qβ menées respectivement par les points a et c'.

59. *Le plan est défini par deux droites parallèles à la ligne de terre.*

Tout plan défini par deux droites $(ab, a'b')$, $(cd, c'd')$ parallèles à xy (*fig.* 93) est lui-même parallèle à xy, et il en est de même de ses traces, de sorte qu'il suffit encore de chercher un point de chacune d'elles ; il est impossible d'utiliser pour cela les droites qui définissent le plan, car elles n'ont ni trace horizontale ni trace verticale ; on construit alors une troisième droite

$(mn, m'n')$ du plan en joignant un point (m, m') pris sur la première à un point (n, n') pris sur la seconde et on cherche les

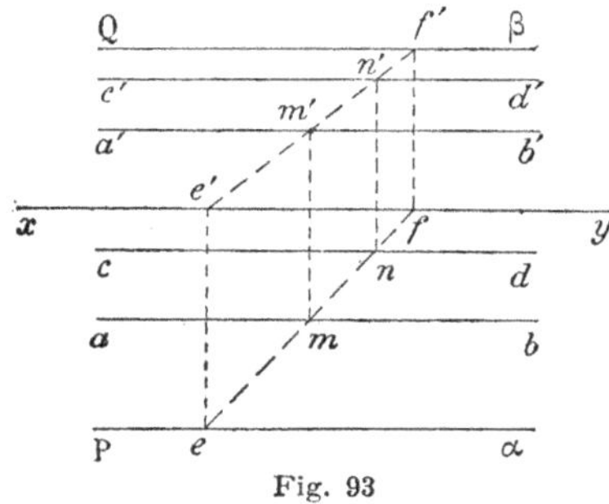
Fig. 93

traces e et f' de cette droite
auxiliaire ; les traces du plan
sont alors les parallèles Pα et
Qβ menées à xy par les points e
et f. Cela revient à substituer,
pour définir le plan, la droite
$(mn, m'n')$ à l'une des deux
droites données.

Nous bornons là les exem-
ples de cas particuliers qui
peuvent se présenter ; d'ail-
leurs, d'une manière générale, on peut toujours être ramené au
cas général en substituant une ou deux droites quelconques
du plan à l'une des droites données ou aux deux droites données.

60. Problème. — *Un plan étant défini par ses traces, construire :* 1° *les projections d'une droite de ce plan ;* 2° *les projections d'un point du plan.*
Soit un plan PαQ défini par ses traces (*fig. 94*).

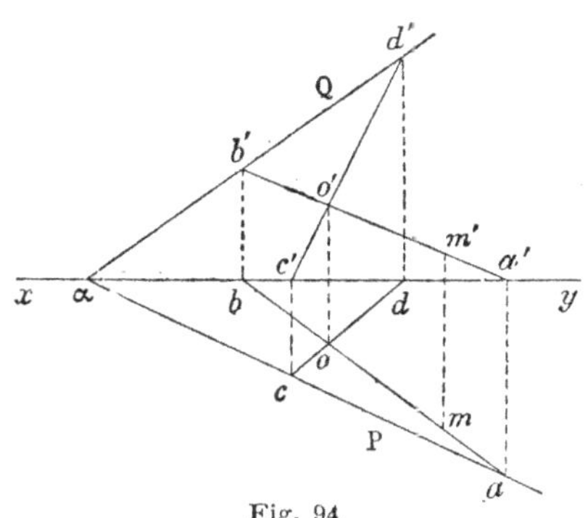
Fig. 94

1° Prenons un point quel-
conque a sur la trace horizontale Pα ; ce point se
projette verticalement en a'
sur la ligne de terre. Prenons ensuite un point quelconque b' sur la trace verticale Qα ; ce point se projette
horizontalement en b sur la
ligne de terre ; la droite
$(ab, a'b')$ est une droite du
plan donné, car elle a deux
points dans ce plan.

2° En prenant un point quelconque (m, m') sur la droite
$(ab, a'b')$, on a les projections d'un point du plan donné.

REMARQUE. — En construisant, comme nous venons de l'indiquer,
deux droites $(ab, a'b')$, $(cd, c'd')$ du plan PαQ (*fig.* 94), on passe de la
représentation d'un plan par ses traces, à sa représentation au
moyen de deux droites.

Les deux droites ainsi construites étant dans un même plan doivent être concourantes ou parallèles, autrement dit les projections de même nom de ces droites doivent être parallèles ou se couper en deux points o, o' situés sur une même ligne de rappel : cette remarque permet de vérifier l'exactitude des constructions.

61. Problème. — *Connaissant l'une des projections d'une droite ou d'un point situés dans un plan défini par ses traces, trouver l'autre projection de la droite ou du point.*

1° Soit par exemple ab la projection horizontale donnée d'une droite du plan PαQ, que nous supposerons non parallèle à la ligne de terre (*fig. 94*). La droite inconnue rencontre au moins l'une des traces du plan, puisque ces traces sont concourantes par hypothèse ; par conséquent sa projection horizontale ab rencontre au moins l'une des droites Pα ou xy (projection horizontale de la trace verticale du plan).

Supposons qu'elle les rencontre toutes deux, la première en a, la seconde en b ; le point a se rappelle verticalement en a' sur xy (projection verticale de la trace horizontale), le point b se rappelle verticalement en b' sur Qα ; la projection verticale de la droite cherchée est donc $a'b'$.

Si le plan donné est parallèle à xy, il n'y a rien à changer au raisonnement précédent si la droite ab rencontre à la fois xy et la trace horizontale du plan.

Nous traiterons plus loin le cas où ab est parallèle soit à xy, soit à Pα.

2° Soit m la projection horizontale d'un point du plan PαQ ; proposons-nous de trouver sa projection verticale. Traçons une droite quelconque ab passant par le point m et cherchons comme précédemment la projection verticale $a'b'$ de la droite du plan projetée horizontalement en ab ; rappelons ensuite m en m' sur $a'b'$; m' est la projection verticale cherchée.

On raisonne d'une manière analogue pour obtenir la projection horizontale d'une droite ou d'un point situés dans un plan défini par ses traces, connaissant la projection verticale de cette droite ou de ce point.

62. Application. — *Trouver les traces d'une droite de profil définie par deux points (a, a'), (b, b').*

Nous avons déjà résolu ce problème en utilisant un changement de plan vertical (30) ; nous allons en donner une autre solution basée sur ce que les traces de toute droite d'un plan sont des points situés sur les traces de même nom du plan. Soient $(ab, a'b')$

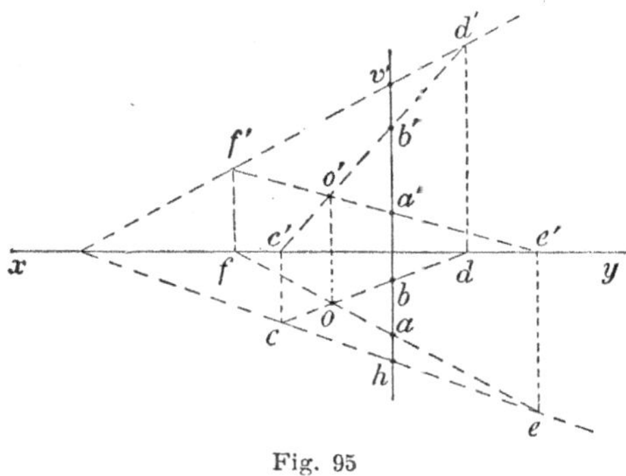

Fig. 95

la droite de profil donnée et (o, o') un point quelconque de l'espace (*fig.* 95) ; les deux droites $(oa, o'a')$, $(ob, o'b')$ déterminent un plan qui contient la droite de profil ; construisons comme nous l'avons expliqué les traces ce et $d'f'$ de ce plan (56) et soient h et v' les points où ces traces rencontrent la droite $aba'b'$; h et v' sont respectivement la trace horizontale et la trace verticale de la droite de profil.

Remarque. — La méthode précédente est applicable à la recherche des traces d'une droite quelconque, mais elle ne présente réellement d'avantage que dans le cas où la droite est de profil.

§ III.

Droites remarquables d'un plan.

63. **Horizontales d'un plan.** — Les *horizontales d'un plan* sont les droites d'intersection de ce plan avec les plans parallèles au plan horizontal. Par définition, ces droites sont des horizontales ; de plus elles sont parallèles entre elles comme droites d'intersection d'un même plan avec plusieurs plans parallèles entre eux.

La trace horizontale d'un plan est une horizontale particulière du plan, donc elle est parallèle à toutes les horizontales du plan ; il résulte de cette remarque et du théorème démontré au n° 37 que *les projections horizontales des horizontales d'un plan sont parallèles à la trace horizontale du plan, et que leurs projections verticales sont parallèles à la ligne de terre.*

64. **Problème.** — *Construire les projections d'une horizontale quelconque d'un plan.*

*1° Le plan est défini par deux droites concourantes   (oa, o'a'),
(ob, o'b') (fig. 96).*

On peut se donner arbitrairement la projection verticale $c'd'$,

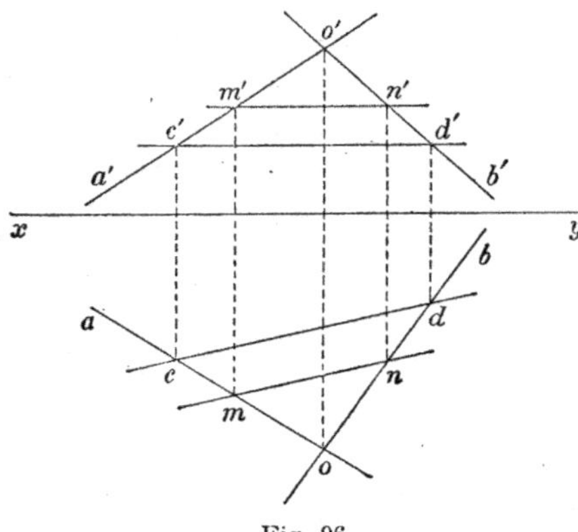

Fig. 96

parallèle à xy, de l'horizontale cherchée, et on est ramené au problème traité au n° 51 ; on marque les points c' et d' où la droite $c'd'$ rencontre les projections verticales des droites données, et on rappelle ces points en c et d respectivement sur oa et ob : la droite $(cd, c'd')$ est une horizontale du plan.

Pour avoir maintenant une autre horizontale du plan, il suffit de mener par un point quelconque du plan une parallèle à celle qu'on vient de déterminer. On peut prendre, par exemple, un point (m, m') sur la droite $(oa, o'a')$ et mener mn parallèle à cd, $m'n'$ parallèle à xy ; la droite $(mn, m'n')$ est une deuxième horizontale du plan.

REMARQUE. — En supposant la droite $c'd'$ confondue avec xy, les constructions précédentes donnent la trace horizontale du plan; elles sont, dans ce cas, identiques à celles de l'épure de la figure 90.

2° Le plan est défini par ses traces.

Soit un plan PαQ défini par ses traces (*fig.* 97). On peut encore se donner arbitrairement la projection verticale $c'd'$, parallèle à xy, d'une horizontale de ce plan ; elle rencontre la trace verticale Qα du plan au point c', qu'on rappelle horizontalement en c sur xy ; en menant ensuite par le point c la parallèle

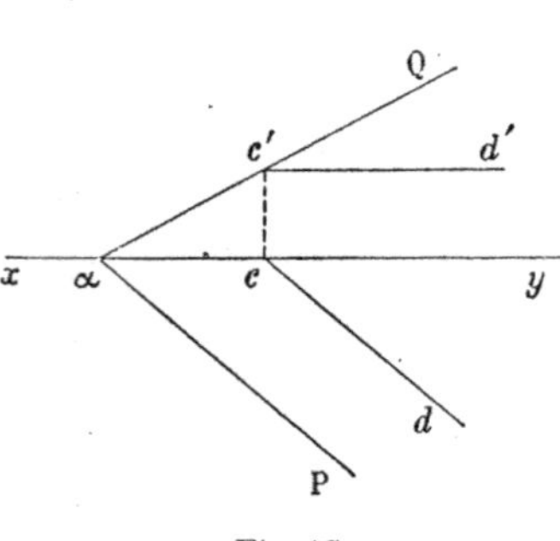

Fig. 97

cd à la trace horizontale αP du plan, on a en cd et $c'd'$ les projections d'une horizontale de ce plan.

On peut aussi se donner arbitrairement la projection horizontale *cd* de l'horizontale cherchée, à condition que *cd* soit parallèle à la trace horizontale Pα du plan ; *cd* rencontre *xy* au point *c*, qu'on rappelle en *c'* sur la trace verticale Qα, et en menant ensuite la parallèle *c'd'* à *xy* on a la projection verticale de l'horizontale.

65. Droites de front d'un plan. — Les *droites de front* ou les *frontales d'un plan* sont les droites d'intersection de ce plan avec les plans parallèles au plan vertical. Ces droites sont, par définition, des droites de front, et elles sont parallèles entre elles, comme les horizontales du plan. La trace verticale d'un plan est une frontale particulière du plan, donc elle est parallèle à toutes les droites de front du plan ; d'où il résulte que *les projections verticales des droites de front d'un plan sont parallèles à la trace verticale, et que leurs projections horizontales sont parallèles à la ligne de terre.*

66. Problème. — *Construire les projections d'une droite de front d'un plan.*

1° *Le plan est défini par deux droites concourantes* (*oa*, *o'a'*), *(ob*, *o'b'*) (*fig.* 98).

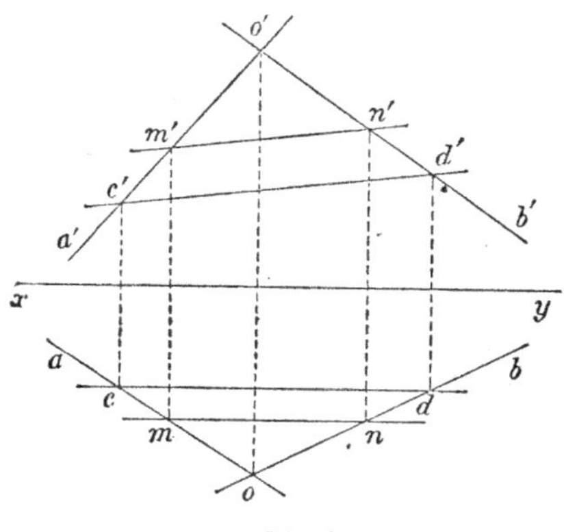

Fig. 98

On peut se donner arbitrairement la projection horizontale *cd*, parallèle à la ligne de terre, de la frontale cherchée ; on rappelle en *c'* et *d'* sur *o'a'* et *o'b'* les points où la droite *cd* rencontre les projections horizontales *oa* et *ob* des deux droites données ; la droite (*cd*, *c'd'*) est une droite de front du plan. On aura une deuxième frontale du plan en menant, par un point (*m*, *m'*) de la droite (*oa*, *o'a'*) par exemple, la parallèle (*mn*, *m'n'*) à celle qui vient d'être obtenue.

REMARQUE. — En supposant *cd* confondue avec *xy*, les constructions précédentes donnent la trace verticale du plan ; elles sont, en effet, dans ce cas, identiques à celles de l'épure de la figure 90.

2° *Le plan est défini par ses traces.* — Soit un plan PαQ défini par ses traces (*fig.* 99). On peut encore se donner arbitraire-ment la projection horizontale *cd,* parallèle à *xy,* d'une frontale

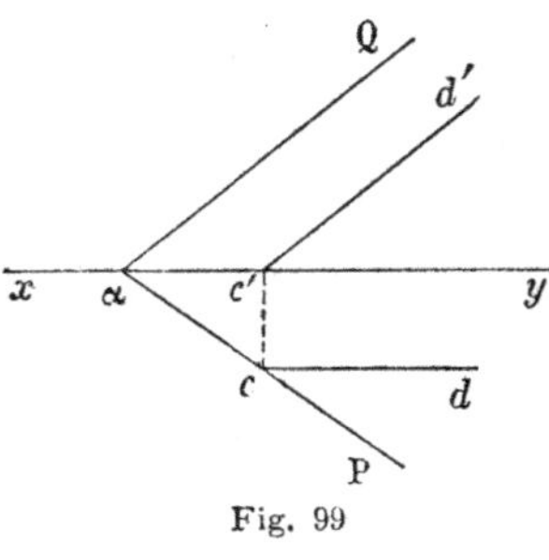
Fig. 99

de ce plan ; elle rencontre la trace horizontale Pα du plan en un point *c* qu'on rappelle en *c'* sur *xy,* et par le point *c'* on mène la parallèle *c'd'* à la trace verticale αQ du plan ; la droite (*cd, c'd'*) est une droite de front du plan.

On peut aussi se donner arbitrai-rement la projection verticale *c'd'* de la droite de front cherchée, à condition que *c'd'* soit parallèle à la trace verticale αQ du plan ; *c'd'* rencontre *xy* au point *c',* qu'on rappelle en *c* sur αP, et, en menant la parallèle *cd* à *xy,* on a la projection horizontale de la droite de front.

67. **Problème.** — *Connaissant l'une des projections d'un point situé dans un plan défini par ses traces, trouver l'autre projection de ce point.*

Soit par exemple à trouver la projection verticale d'un point situé dans le plan PαQ, connaissant sa projection horizontale *m* (*fig.* 100 et 101). Nous avons vu (51, 2°) que la méthode géné-

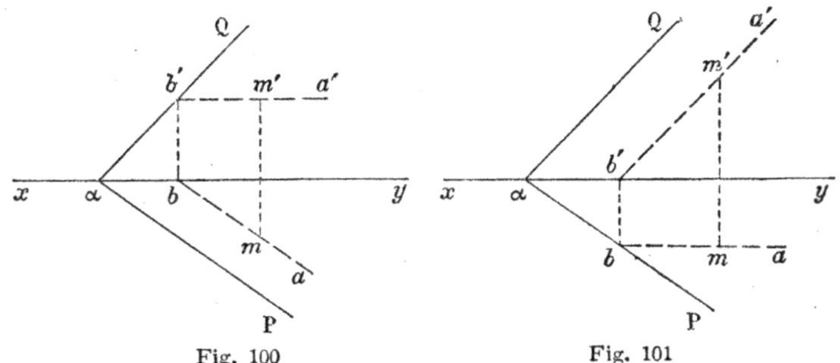
Fig. 100   Fig. 101

rale, pour résoudre ce problème, consiste à faire passer une droite arbitraire *ab* par le point *m,* à chercher la projection ver-ticale *a'b'* de la droite du plan dont la projection horizontale est *ab,* puis à relever *m* en *m'* sur *a'b'.* On simplifie les construc-tions en prenant pour droite auxiliaire (*ab, a'b'*), soit l'hori-

l'horizontale (*fig.* 100), soit la droite de front (*fig.* 101) passant
par le point cherché.

68. Problème. — *Construire les traces d'un plan défini par
deux droites concourantes, dont l'une est horizontale ou de
front.*

Soit, par exemple, le plan défini par la droite $(oa, o'a')$ et l'horizontale $(ob, o'b')$ qui rencontre la première droite au point (o, o')

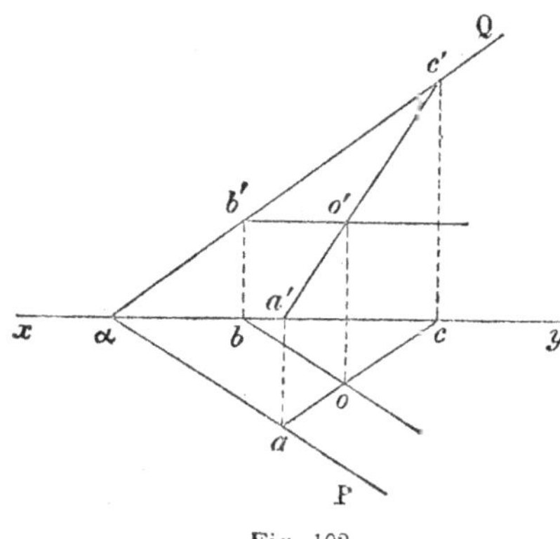

Fig. 102

($fig.$ 102). Construisons la
trace horizontale a et la
trace verticale c' de la droite
$(oa, o'a')$; la trace horizontale du plan devant passer
par a et être parallèle à ob
[puisque la droite $(ob, o'b')$
est une horizontale du plan
donné] est la parallèle Pα
menée par le point a à cd ;
la trace verticale du plan
s'obtient ensuite en menant
la droite $\alpha c'$, qui joint le
point α, où la trace horizontale rencontre xy, au point c'.

Pour vérifier l'exactitude des constructions, on s'assure que la
trace verticale b' de l'horizontale $(ob, o'b')$ est sur la trace
verticale du plan.

Un raisonnement analogue permet de trouver les traces
du plan, lorsque l'horizontale
$(ob, o'b')$ est remplacée par
une droite de front.

Les constructions sont aussi
simples si le plan est défini
par deux horizontales ou par
deux droites de front.

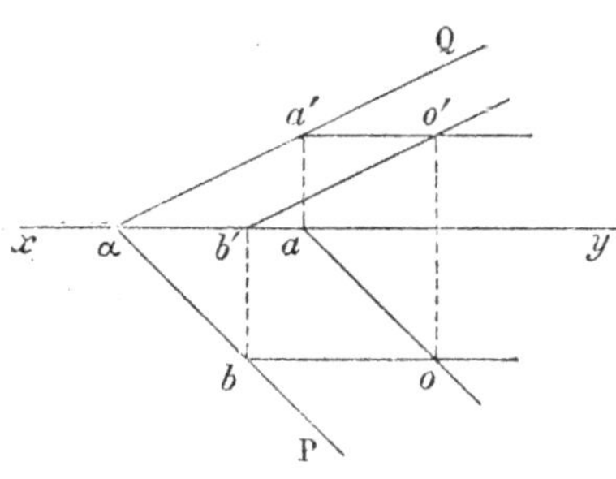

Fig. 103

69. Problème. — *Construire
les traces d'un plan défini
par une horizontale et une
droite de front concourantes*

Soit le plan défini par l'horizontale $(oa, o'a')$ et la droite de
front $(ob, o'b')$, qui se rencontrent au point (o, o') ($fig.$ 103).

Construisons la trace horizontale b de la droite de front $(ob, o'b')$ et la trace verticale a' de l'horizontale $(oa, o'a')$. En reprenant le raisonnement du problème précédent, on voit que la trace horizontale Pα du plan est la parallèle à oa menée par le point b; de même la trace verticale Qα du plan est la parallèle à $o'b'$ menée par le point a'. On vérifie ensuite que les deux traces ainsi construites rencontrent xy au même point.

On peut même se borner à chercher, par exemple, la trace horizontale b de la droite de front $(ob, o'b')$; par ce point b on mène la parallèle Pα à oa, et on a ainsi la trace horizontale du plan ; la trace verticale s'obtient ensuite en menant la parallèle αQ à $o'b'$, par le point α où Pα rencontre xy.

70. Utilité des horizontales et des droites de front d'un plan. — Les horizontales et les droites de front d'un plan, qu'on appelle quelquefois les *droites principales* du plan, sont d'un emploi fréquent dans les épures. Elles donnent lieu, en effet, à des tracés plus simples que des droites choisies arbitrairement dans le plan ; le lecteur a pu s'en rendre compte déjà en comparant les deux problèmes précédents à celui du n° 56. Il verra, dans la suite, qu'il y a toujours avantage, lorsqu'on a besoin de tracer une droite auxiliaire d'un plan, à choisir une horizontale ou une droite de front.

§ IV.

Plans remarquables.

71. On appelle plans remarquables les plans perpendiculaires ou parallèles aux plans de projection et aux plans bissecteurs.

72. Plans verticaux. — On nomme *plan vertical* tout plan perpendiculaire au plan horizontal.

Les plans verticaux jouissent des propriétés suivantes :

1° *Tout plan vertical a sa trace verticale perpendiculaire à la ligne de terre.*

En effet, un tel plan et le plan vertical de projection sont tous deux perpendiculaires au plan horizontal; donc leur intersection, c'est-à-dire la trace verticale du plan, est également perpendiculaire au plan horizontal, et par suite aussi perpendiculaire à la ligne de terre, qui passe par son pied dans le plan horizontal.

Ainsi le plan PαQ est un plan vertical (*fig.* 104).

2° *Réciproquement, tout plan dont la trace verticale est perpendiculaire à la ligne de terre est un plan vertical.*

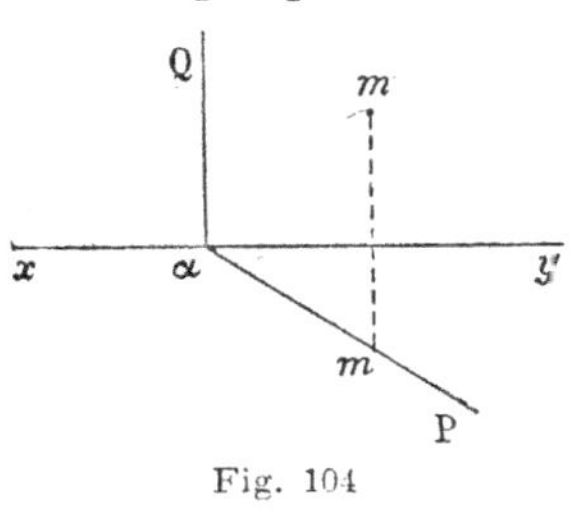

Fig. 104

En effet, soit PαQ un plan dont la trace verticale αQ est perpendiculaire à *xy* (*fig.* 104) ; les plans de projection étant rectangulaires, puisque la droite αQ contenue dans le plan vertical est perpendiculaire à leur intersection *xy*, cette droite est perpendiculaire au plan horizontal ; donc tout plan passant par αQ, et, en particulier, le plan PαQ, est perpendiculaire au plan horizontal.

3° Des propriétés qu'on vient de démontrer, il résulte qu'*un plan vertical est complètement défini par sa trace horizontale.*

4° *Tout point d'un plan vertical se projette horizontalement sur la trace horizontale de ce plan.*

En effet, soient M un point situé dans un plan vertical et *m* sa projection horizontale ; on sait que si deux plans sont perpendiculaires, toute perpendiculaire abaissée d'un point de l'un d'eux sur l'autre est contenue tout entière dans le premier. Donc la projetante M*m* du point M, qui est perpendiculaire au plan horizontal, est contenue dans le plan vertical donné ; par suite le point *m*, qui est la trace horizontale de cette projetante, est située sur la trace horizontale du plan vertical.

5° *Réciproquement, tout point dont la projection horizontale est située sur la trace horizontale d'un plan vertical appartient à ce plan vertical.*

En effet, si *m* est la projection horizontale d'un point M de l'espace et si cette projection appartient à la trace horizontale d'un plan vertical donné, la projetante M*m* du point M est tout entière contenue dans ce plan vertical ; le point M se trouvant sur cette projetante est lui-même dans le plan vertical.

De ces deux dernières propriétés, il résulte que pour figurer les projections d'un point du plan vertical PαQ (*fig.* 104), il suffit de prendre arbitrairement un point *m* sur la trace horizontale Pα et de marquer un point quelconque *m'* sur la ligne de rappel du point *m* ; le point (*m, m'*) est dans le plan vertical PαQ.

Il en résulte encore que *toute figure située dans un plan vertical se projette horizontalement sur la trace horizontale du plan.*

73. Plans de bout. — On nomme *plan de bout* tout plan perpendiculaire au plan vertical de projection.

Les plans de bout jouissent de propriétés analogues à celles des plans verticaux, elles se démontrent tout à fait de la même manière, et nous nous bornerons à les énoncer :

1° *Tout plan de bout a sa trace horizontale perpendiculaire à la ligne de terre.* Ainsi le plan PαQ (*fig.* 105) est un plan de bout.

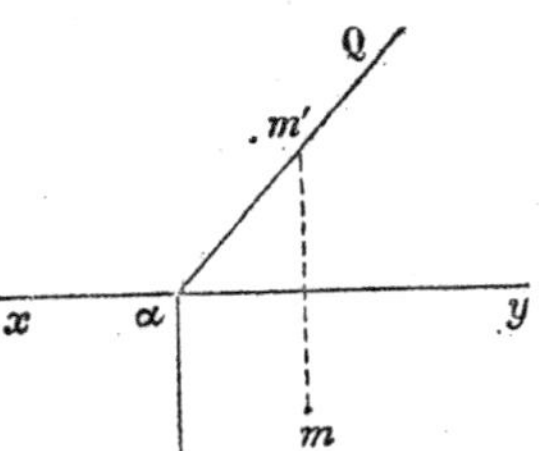

Fig. 105

2° *Réciproquement, tout plan dont la trace horizontale est perpendiculaire à la ligne de terre est un plan de bout.*

3° *Un plan de bout est complètement défini par sa trace verticale.*

4° *Tout point d'un plan de bout se projette verticalement sur sa trace verticale.*

5° *Réciproquement, tout point dont la projection verticale est située sur la trace verticale d'un plan de bout appartient à ce plan de bout.*

De ces deux dernières propriétés il résulte qu'en prenant un point quelconque *m'* sur la trace verticale du plan de bout PαQ (*fig.* 105) et un point quelconque *m* sur la ligne de rappel de ce point, le point dont les projections sont *m*, *m'* appartient au plan PαQ.

Il en résulte également que *toute figure située dans un plan de bout se projette verticalement sur la trace verticale du plan.*

74. Plans horizontaux. — On nomme *plan horizontal* tout plan parallèle au plan horizontal. Un tel plan n'a pas de trace horizontale ; sa trace verticale est une droite H parallèle à la ligne de terre (*fig.* 106), car H et *xy* sont les droites d'intersection de deux plans parallèles avec le plan vertical de projection.

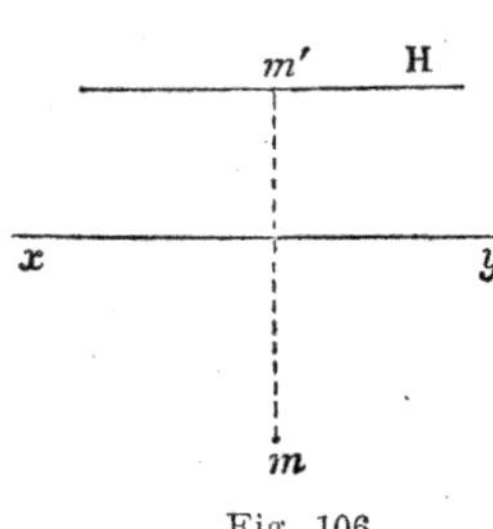

Fig. 106

Un plan horizontal est un plan de bout particulier ; donc tout point (*m*, *m'*) d'un plan horizontal a sa projection verticale *m'* sur la trace verticale H du plan (*fig.* 106).

Toute figure contenue dans un plan horizontal se projette horizontalement suivant une figure égale (5, III).

75. Plans de front. — On nomme *plan de front* tout plan parallèle au plan vertical. Un tel plan n'a pas de trace verticale; sa trace horizontale F (*fig.* 107) est parallèle à la ligne de terre, car F et xy sont les droites d'intersection de deux plans parallèles avec le plan horizontal.

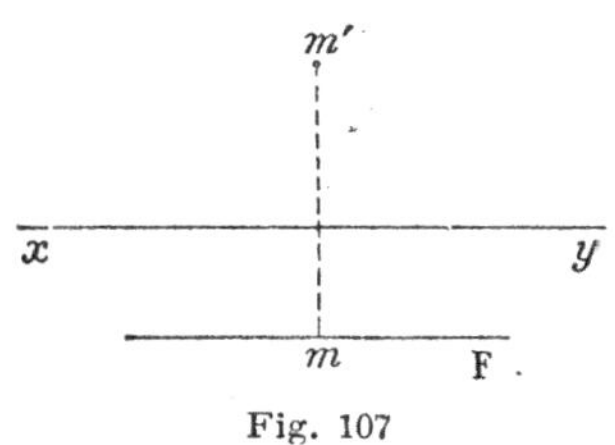

Fig. 107

Un plan de front est un plan vertical particulier ; donc tout point (m, m') d'un plan de front a sa projection horizontale m sur la trace horizontale du plan.

Toute figure contenue dans un plan de front se projette verticalement suivant une figure égale (5, III).

76. Plans de profil. — On appelle *plan de profil* tout plan perpendiculaire à la ligne de terre ; un tel plan est donc simultanément perpendiculaire aux deux plans de projection. Les traces Pα et Qα d'un plan de profil sont dirigées suivant une même perpendiculaire à la ligne de terre (*fig.* 108).

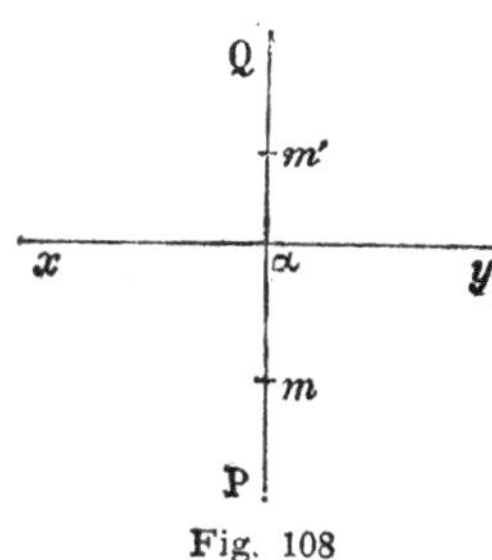

Fig. 108

On a les projections d'un point situé dans un plan de profil en marquant deux points quelconques m et m' sur la droite PQ suivant laquelle sont confondues les traces du plan.

Toute droite d'un plan de profil est une droite de profil; ses projections sont confondues avec les traces du plan.

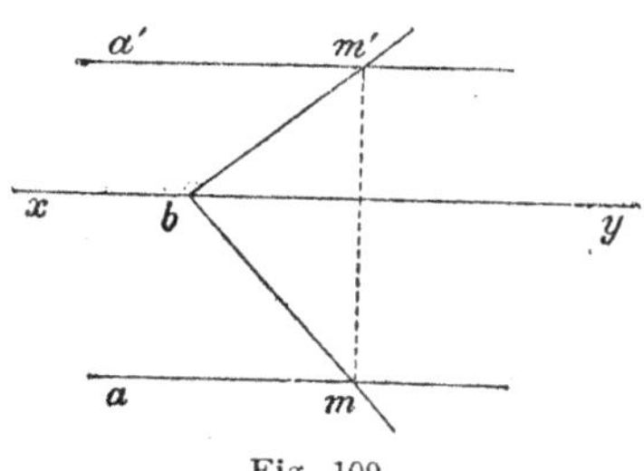

Fig. 109

77. Plans passant par la ligne de terre. — Nous avons déjà fait remarquer que les traces d'un tel plan sont confondues avec la ligne de terre (55) ; on achève généralement de le déterminer en se donnant les projections d'un point quelconque (m, m') du plan (*fig.* 109).

Toute droite contenue dans un plan passant par la ligne de terre devant être parallèle à la ligne de terre ou la rencontrer, ses projections sont parallèles à xy [ex. : $(am,\ a'm')$, *fig.* 109], ou se coupent sur xy [ex. : $(bm,\ bm')$, *fig.* 109].

78. Plans parallèles à la ligne de terre. — Nous avons dit précédemment que les traces d'un tel plan sont parallèles à la ligne de terre (55).

79. Plans perpendiculaires au premier plan bissecteur. — *Les traces de tout plan perpendiculaire au premier plan bissecteur sont symétriques par rapport à la ligne de terre.*

En effet, figurons une perpendiculaire $(ab,\ a'b')$ au premier plan bissecteur (*fig.* 110) ; c'est une droite de profil dont les traces a et b' sont symétriques par rapport à xy (45, 11°). Tout plan PαQ passant par la droite $(ab,\ a'b')$ est lui-même perpendiculaire au premier plan bissecteur ; ses traces Pα et Qα passent respectivement par a et b', donc elles sont symétriques par rapport à xy.

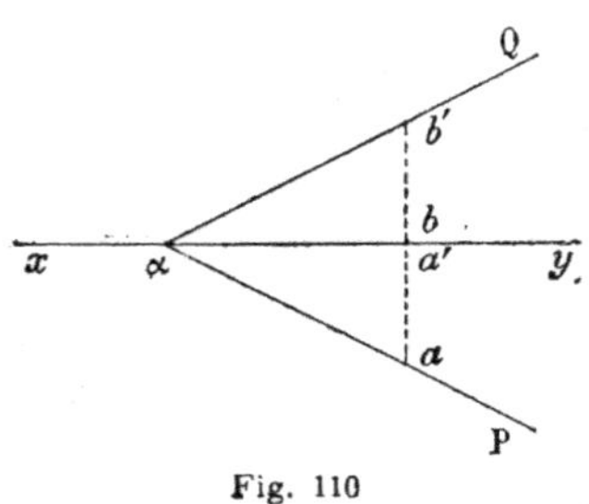

Fig. 110

Réciproquement, tout plan dont les traces sont symétriques par rapport à la ligne de terre est perpendiculaire au premier plan bissecteur.

En effet, soit PαQ (*fig.* 110) un plan dont les traces sont symétriques par rapport à xy ; traçons dans ce plan une droite de profil quelconque $(ab,\ a'b')$; ses traces a et b' sont respectivement situées sur les traces du plan, et comme celles-ci sont par hypothèse symétriques par rapport à xy, il en est de même des points a et b' ; la droite $(ab,\ a'b')$ est donc perpendiculaire au premier plan bissecteur (45, 11°), et le plan PαQ qui la contient est aussi perpendiculaire au premier plan bissecteur.

80. Plans perpendiculaires au deuxième plan bissecteur. — *Les traces de tout plan perpendiculaire au deuxième plan bissecteur sont confondues.*

En effet, figurons une perpendiculaire $(ab, a'b')$ au deuxième plan bissecteur (*fig.* 111) ; c'est une droite de profil dont les traces a et b' sont confondues (45, 12°). Tout plan PαQ passant par la

droite $(ab,\ a'b')$ est lui-même perpendiculaire au deuxième plan
bissecteur ; ses traces Pα et Qα, joignant un même point α
de la ligne de terre à deux
points confondus a et b', sont
donc confondues.

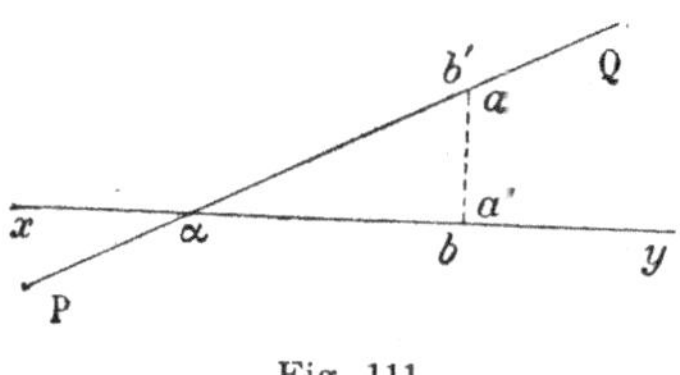

Fig. 111

*Réciproquement, tout plan
dont les traces sont confondues est perpendiculaire au
deuxième plan bissecteur.*

En effet, soit PαQ un plan
dont les traces sont confondues (*fig.* 111) ; traçons dans ce plan
une droite de profil quelconque $(ab,\ a'b')$. Ses traces a et b' sont
respectivement situées sur les traces du plan, et comme celles-ci
sont confondues par hypothèse, les points a et b' sont eux-
mêmes confondus ; la droite $(ab,\ a'b')$ est donc perpendiculaire au deuxième plan bissecteur (45, 12°), et le plan PαQ
qui la contient est aussi perpendiculaire au deuxième plan
bissecteur.

81. Plans parallèles au deuxième plan bissecteur. — *Les
traces de tout plan parallèle au deuxième plan bissecteur sont
parallèles et symétriques par rapport à la
ligne de terre.*

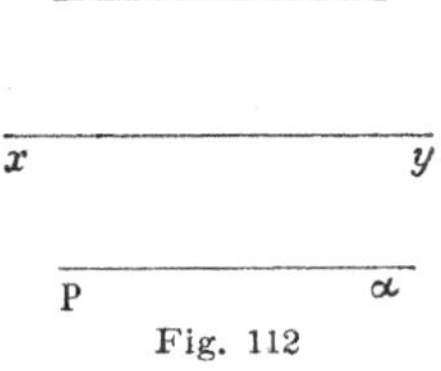

Fig. 112

En effet, un tel plan étant à fois parallèle
à la ligne de terre et perpendiculaire au
premier plan bissecteur, ses traces Pα et
Qβ sont, d'une part, parallèles à xy (55) et,
d'autre part, symétriques par rapport à xy
(79) (*fig.* 112).

La réciproque est vraie : elle se démontre comme au n° 79.

82. Plans parallèles au premier plan bissecteur. — *Les traces
d'un plan parallèle au premier plan
bissecteur sont confondues suivant une
parallèle à la ligne de terre.*

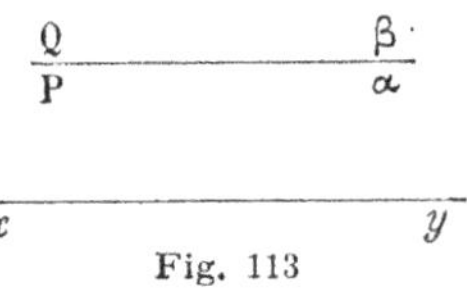

Fig. 113

En effet, un tel plan étant à la fois
parallèle à la ligne de terre et perpendiculaire au deuxième plan bissecteur,
ses traces Pα et Qβ sont, d'une part, parallèles à xy et,
d'autre part, confondues.

La réciproque se démontre comme au n° 80.

§ V.

Droites et plans parallèles.

83. Nous rappellerons les propositions suivantes, qu'on démontre en géométrie :

1° *Pour qu'une droite soit parallèle à un plan, il faut et il suffit qu'elle soit parallèle à une droite du plan.*

2° *Pour que deux plans soient parallèles, il faut et il suffit que l'un d'eux contienne deux droites respectivement parallèles à deux droites concourantes situées dans l'autre plan.*

84. Problème. — *Mener par un point donné une droite parallèle à un plan donné.*

D'après la première proposition rappelée ci-dessus, il suffit de mener par le point donné une parallèle à une droite quelconque du plan. Le problème est donc indéterminé.

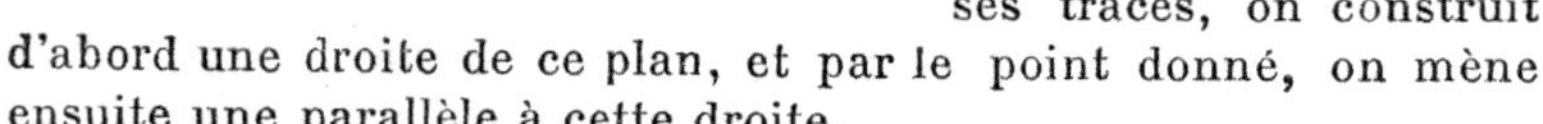

Fig. 114

Si le plan est défini par deux droites concourantes $(oa, o'a')$ et $(ob, o'b')$ (*fig.* 114), on mène par exemple par le point donné (m, m') la parallèle $(mn, m'n')$ à la droite $(oa, o'a')$.

Si le plan est défini par ses traces, on construit d'abord une droite de ce plan, et par le point donné, on mène ensuite une parallèle à cette droite.

85. Problème. — *Mener par un point donné une horizontale ou une droite de front parallèle à un plan donné.*

On construit d'abord une horizontale ou une droite de front du plan, et on lui mène ensuite une parallèle par le point donné. Si le plan est défini par ses traces, il suffit de mener par le point une parallèle à sa trace horizontale ou à sa trace verticale.

Nous laissons au lecteur le soin de faire les épures.

86. Problème. — *Mener par un point donné un plan parallèle à une droite donnée.*

Il suffit, d'après la première proposition rappelée, de mener par le point la parallèle à la droite donnée et de faire passer par cette droite un plan quelconque. Le problème est encore indéterminé. Ainsi si (o, o') est le point donné et $(mn, m'n')$ la droite donnée (*fig.* 114), on mène par le point (o, o') d'abord la parallèle $(oa, o'a')$ à $(mn, m'n')$, puis une droite quelconque $(ob, o'b')$; ces deux droites définissent un plan répondant à la question.

87. Problème. — *Mener par une droite donnée un plan parallèle à une deuxième droite donnée.*

Si les deux droites sont parallèles, tout plan passant par l'une est parallèle à l'autre ; si elles ne sont pas parallèles, il suffit, d'après la première proposition rappelée, de mener par un point de la première une parallèle à la seconde ; cette parallèle détermine avec la première droite le plan cherché. Ainsi, s'il s'agit de mener par la droite $(ob, o'b')$ le plan parallèle à la droite $(mn, m'n')$ (*fig.* 114), par le point (o, o') pris sur la première on mène la parallèle $(oa, o'a')$ à la seconde ; le plan défini par les deux droites concourantes $(oa, o'a')$ et $(ob, o'b')$ est parallèle à la droite $(mn, m'n')$.

88. Théorème. — *Deux plans parallèles ont leurs traces de même nom parallèles.*

En effet, leurs traces horizontales sont parallèles comme intersections de deux plans parallèles par le plan horizontal ; pour

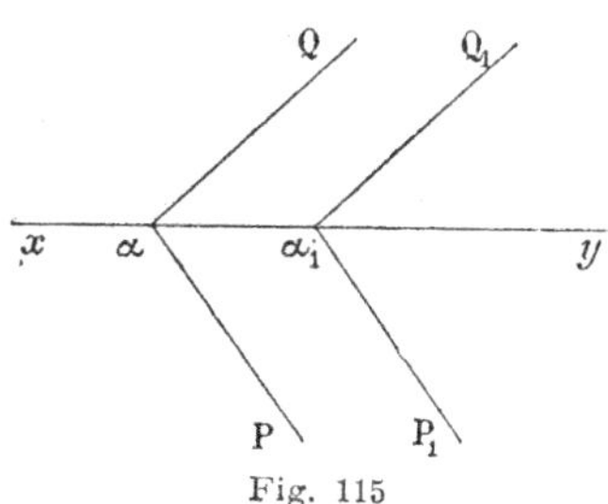
Fig. 115

une raison analogue les traces verticales des deux plans sont aussi parallèles.

RÉCIPROQUEMENT, *si deux plans non parallèles à la ligne de terre ont leurs traces de même nom parallèles, ces plans sont parallèles.*

En effet, puisque les plans ne sont pas parallèles à la ligne de terre, les traces de chacun d'eux sont concourantes. Ces plans sont alors parallèles, en vertu de la deuxième proposition rappelée plus haut (83). Ainsi, $P\alpha Q$ et $P_1\alpha_1 Q_1$ sont deux plans parallèles.

Si les plans sont parallèles à xy, ils ne sont pas nécessairement parallèles, quoique leurs traces de même nom soient parallèles.

Dans ce cas, *pour que les plans soient parallèles il faut et il suffit que les distances de la ligne de terre aux traces du premier soient proportionnelles aux distances de la ligne de terre aux traces de même nom de l'autre.*

En effet, soient $P\alpha$ et $Q\beta$ les traces de l'un des plans, $P_1\alpha_1$ et $Q_1\beta_1$ les traces de l'autre (*fig.* 116). Menons au point b (ou a') de la ligne de terre la perpendiculaire à cette droite et soient a, b', a_1, b'_1, les points où elle rencontre respectivement les traces des deux plans. La droite de profil définie par les deux points (a, a') et (b, b') appartient au plan $(P\alpha, Q\beta)$, car ses traces a et b' sont situées sur les traces de ce plan ; de même la droite de profil définie par les points (a_1, a') et (b, b'_1) appartient au plan $(P_1\alpha_1, Q_1\beta_1)$.

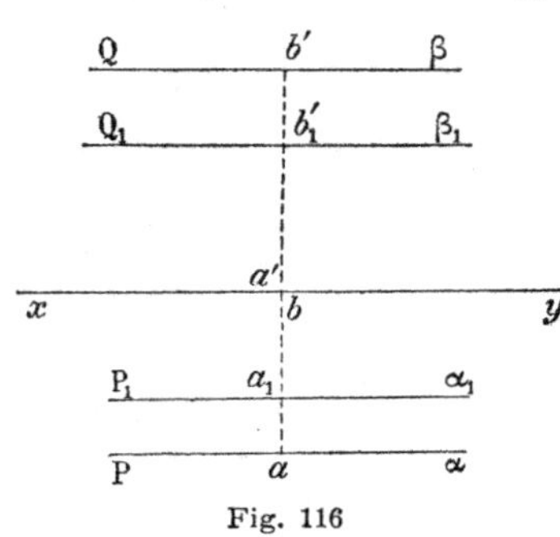
Fig. 116

Si les plans sont parallèles, ces deux droites de profil étant les droites suivant lesquelles ils sont coupés par un même plan de profil sont elles-mêmes parallèles, et on a (41)

$$\frac{ab}{a_1b} = \frac{a'b'}{a'b'_1} .$$

Réciproquement, cette relation est une condition suffisante pour le parallélisme des deux plans, car si elle n'est pas vérifiée, les droites de profil $(ab, a'b')$ et (a_1b, a'_1b') se rencontrent, et par suite les deux plans se rencontrent également.

89. Corollaire. — *Les horizontales de deux plans parallèles sont parallèles ; il en est de même de leurs droites de front.*

En effet, d'après le théorème précédent, les traces de même nom des deux plans parallèles sont parallèles, et, d'autre part, on sait que les horizontales et les droites de front d'un plan sont respectivement parallèles à la trace horizontale et à la trace verticale de ce plan (63 et 65).

90. Problème. — *Mener par un point donné le plan parallèle à un plan donné.*

En vertu de la deuxième proposition rappelée plus haut (83), il suffit de mener par le point donné deux droites parallèles à deux droites concourantes du plan donné; ces deux droites déterminent le plan cherché.

1° *Le plan est défini par deux droites concourantes.*

Soit par exemple à mener par le point (m, m') le plan parallèle au plan défini par les deux droites $(oa, o'a')$, $(ob, o'b')$ qui se coupent au point (o, o') (*fig.* 117). Par le point (m, m') on mène les droites $(mn, m'n')$, $(mp, m'p')$ respectivement parallèles aux droites définissant le plan donné; ces droites déterminent le plan cherché.

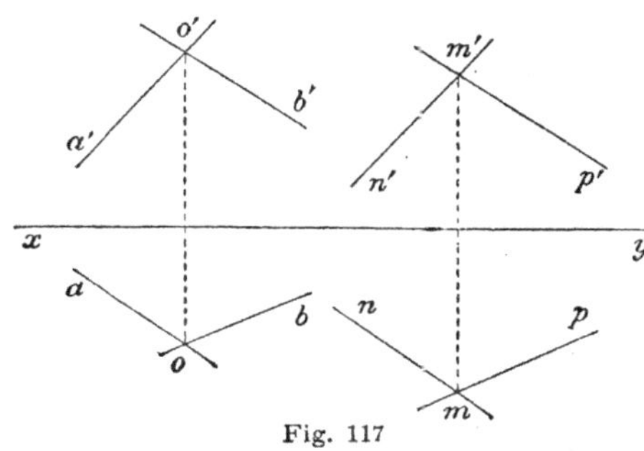

Fig. 117

2° *Le plan est défini par ses traces.*

Si le plan donné PαQ n'est pas parallèle à la ligne de terre (*fig.* 118), par le point (m, m') on mène l'horizontale $(mn, m'n')$ parallèle à la trace horizontale du plan, et la droite de front $(mp, m'p')$ parallèle à sa trace verticale; ces deux droites définissent le plan cherché.

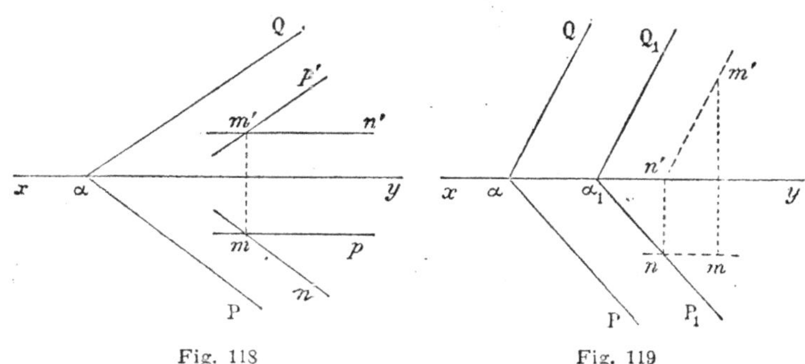

Fig. 118

Fig. 119

Si on veut déterminer les traces du plan, il est inutile de construire à la fois l'horizontale et la droite de front passant par le point (m, m'). Il suffit de mener, par exemple, la droite de front $(mn, m'n')$ parallèle à la trace verticale du plan PαQ et de déterminer sa trace horizontale n (*fig.* 119); le point n appartenant à la trace horizontale du plan cherché, on mène par ce point la parallèle $P_1\alpha_1$ à la trace horizontale $P\alpha$ du plan donné, et par le point α_1 où cette droite rencontre xy, la parallèle α_1Q_1 à αQ. Le plan cherché est le plan $P_1\alpha_1Q_1$. On peut remplacer la droite de front $(mn, m'n')$ par l'horizontale parallèle au plan donné passant par le point (m, m'), ou, plus généralement, par une droite quelconque parallèle à ce plan.

3° *Le plan est parallèle à la ligne de terre et donné par ses traces.*

Soient $P\alpha$ et $Q\beta$ les traces du plan donné, (m, m') le point donné (*fig.* 120).

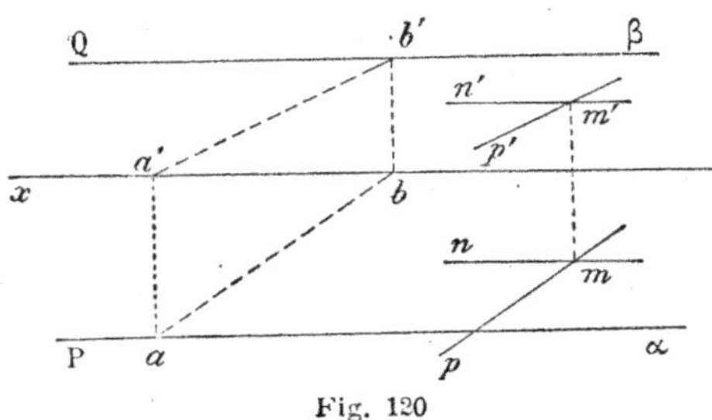

Fig. 120

On construit d'abord les projections ab et $a'b'$ d'une droite du plan $(P\alpha,\ Q\beta)$, puis, par le point (m, m'), on mène la parallèle $(mn, m'n')$ à xy et la parallèle $(mp,\ m'p')$ à la droite $(ab, a'b')$; ces deux droites définissent le plan demandé.

91. **Problème.** — *Mener par une droite donnée un plan parallèle à un plan donné.*

Pour que le problème soit possible, il faut que la droite soit elle-même parallèle au plan donné. S'il en est ainsi, on mène par un point de la droite une deuxième parallèle au plan; cette parallèle et la droite donnée définissent le plan cherché.

EXERCICES

1. Construire les projections d'un point d'un plan donné, connaissant la cote et l'éloignement de ce point.

2. Connaissant les projections horizontales des quatre sommets d'un quadrilatère plan et les projections verticales de trois d'entre eux, trouver la projection verticale du quatrième.

3. Construire les traces d'un plan défini par deux droites dont les projections de noms contraires coïncident. Expliquer le résultat.

4. Construire les traces d'un plan passant par un point donné et parallèle à la ligne de terre et à une droite de profil.

5. Mener par un point donné : 1° un plan parallèle au premier plan bissecteur ; 2° un plan parallèle au deuxième plan bissecteur.

6. Mener par une droite donnée : 1° un plan perpendiculaire au premier plan bissecteur ; 2° un plan perpendiculaire au deuxième plan bissecteur.

7. Un plan étant défini par ses traces, trouver les traces des plans symétriques du premier par rapport aux plans de projection et aux plans bissecteurs.

8. Connaissant un point d'une droite donnée et l'une des projections de cette droite, trouver l'autre projection de la droite, sachant qu'elle est parallèle à un plan donné.

9. Mener par quatre points donnés quatre plans parallèles et équidistants.

CHAPITRE IV

INTERSECTIONS DE DROITES ET DE PLANS

§ I.

Intersection de deux plans.

92. Problème. — *Déterminer les projections de la droite d'intersection d'un plan perpendiculaire à l'un des plans de projection avec un plan quelconque.*

Soit par exemple à trouver la droite d'intersection du plan vertical ayant pour trace horizontale la droite Pα avec un autre plan quelconque. On sait (72, 5°) que toute figure située dans un plan vertical se projette horizontalement sur la trace horizontale de ce plan, donc Pα est la projection horizontale de la droite cherchée. Cette droite appartenant également au deuxième plan, on est alors ramené à trouver la projection verticale d'une droite de ce plan connaissant sa projection horizontale Pα, problème traité précédemment (51 et 61).

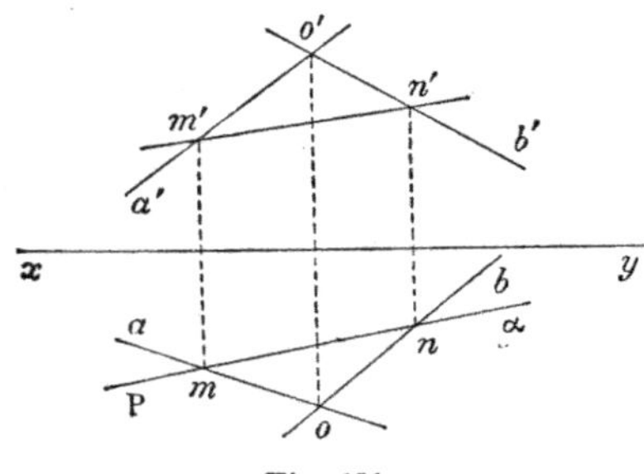

Fig. 121

Ainsi, si le deuxième plan est défini par deux droites concourantes (ou parallèles), $(oa, o'a')$ et $(ob, o'b')$ (*fig.* 121), on marque les points m et n où Pα rencontre respectivement oa et ob et on relève ces points en m' et n' sur $o'a'$ et $o'b'$; la droite d'intersection des deux plans donnés est $(mn, m'n')$.

Les remarques des n°s 52, 53 et 54 permettent de résoudre le problème dans les différents cas de figure qui peuvent se présenter.

Le raisonnement est le même si le plan vertical est remplacé par un plan de bout, ou encore par un plan horizontal ou de front; dans ces deux derniers cas, on est conduit à chercher soit une horizontale du deuxième plan connaissant sa projection verticale, soit une droite de front de ce même plan connaissant sa projection horizontale, problèmes que nous avons également traités (64 et 66).

93. Problème général. — *Déterminer la droite d'intersection de deux plans quelconques.*

Solution géométrique. — Soit à chercher la droite d'intersection de deux plans donnés P et Q. Considérons deux autres plans quelconques R et R' qui ne soient parallèles ni à P, ni à Q. Le plan R coupe les plans P et Q respectivement suivant les droites D et D'; ces droites étant dans un même plan R se rencontrent en un point M, qui appartient à la fois aux plans P et Q. De même, le plan R' coupe les plans P et Q respectivement suivant les droites Δ et Δ', lesquelles se rencontrent en un point N appartenant encore aux plans P et Q. La droite cherchée est alors la droite MN.

Pratiquement, il faut qu'on puisse trouver facilement les droites d'intersection des plans R, R' avec les plans P et Q; on choisit alors pour plans auxiliaires R et R' des plans perpendiculaires aux plans de projection, puisque, comme nous l'avons montré plus haut (92), on obtient sans difficulté la droite suivant laquelle un tel plan coupe un plan quelconque.

Nous allons appliquer cette méthode générale à quelques exemples.

94. Exemple I. — *Les deux plans sont définis chacun par deux droites concourantes.*

Soient $(oa, o'a')$, $(ob, o'b')$ les droites définissant le premier plan, $(\omega c, \omega'c')$, $(\omega d, \omega'd')$ celles qui définissent le second (*fig.* 122). On prend généralement comme plans auxiliaires deux des huit plans projetant horizontalement et verticalement les quatre droites précédentes.

Le plan de bout qui projette verticalement $(oa, o'a')$ coupe le premier plan suivant la droite $(oa, o'a')$ elle-même; il coupe le deuxième plan suivant la droite $(ef, e'f')$, qu'on détermine comme il a été indiqué au n° 92 ; les deux droites $(oa, o'a')$ et $(ef, e'f')$ se rencontrent au point (m, m') qui est un premier point de l'intersection des deux plans.

De la même manière, le plan vertical projetant horizontalement la droite $(\omega c, \omega'c')$ coupe le deuxième plan suivant la droite

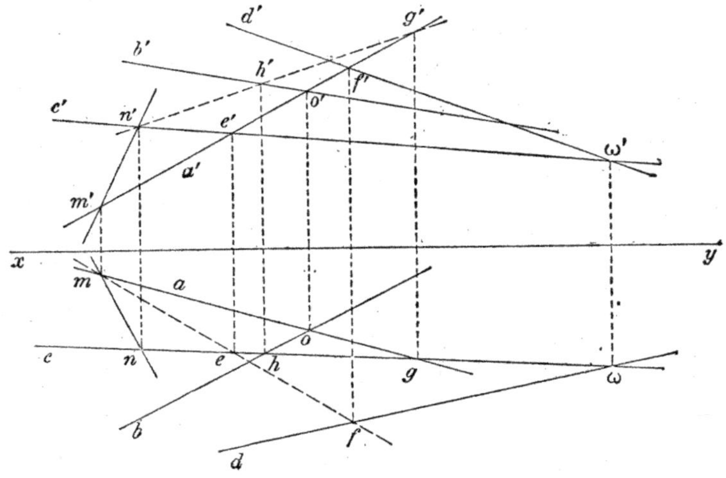

Fig. 122

$(\omega c, \omega'c')$ elle-même et le premier plan suivant la droite $(gh, g'h')$; ces deux droites se rencontrent au point (n, n'), qui est un deuxième point de la droite d'intersection des deux plans donnés. Cette droite est donc $(mn, m'n')$.

Remarque. — Parmi les huit plans auxiliaires que l'on peut employer, on choisit ceux qui donnent lieu à des constructions restant dans les limites de l'épure.

Si les constructions ne réussissent avec aucun d'eux, on a recours à des plans auxiliaires quelconques perpendiculaires aux plans de projection, mais choisis de manière que l'on puisse effectuer toutes les constructions nécessaires.

L'avantage que présentent les plans auxiliaires que nous avons employés dans l'épure de la figure 122 consiste en ce que la droite d'intersection de chacun d'eux avec l'un des deux plans donnés est toute tracée.

CAS PARTICULIER. — *Les droites qui déterminent chaque plan concourent au même point.*

Soit à déterminer l'intersection du plan défini par les droites $(oa, o'a')$ et $(ob, o'b')$ avec le plan défini par les droites $(oc, o'c')$ et $(od, o'd')$ (*fig.* 123). Le point (o, o') est évidemment un point de cette intersection, de sorte qu'il suffit d'en trouver un second point ; on ne peut pas utiliser pour cela un des huit plans projetant horizontalement et verticalement les droites données, car on retomberait manifestement sur le point (o, o') ; on emploie alors, par exemple, un plan horizontal auxiliaire H', qui coupe respectivement les deux plans suivant les horizontales $(\alpha\beta, \alpha'\beta')$ et $(\gamma\delta, \gamma'\delta')$; ces horizontales se rencontrent au point (m, m'), qui est le deuxième point cherché ; donc $(om, o'm')$ est la droite d'intersection de deux plans.

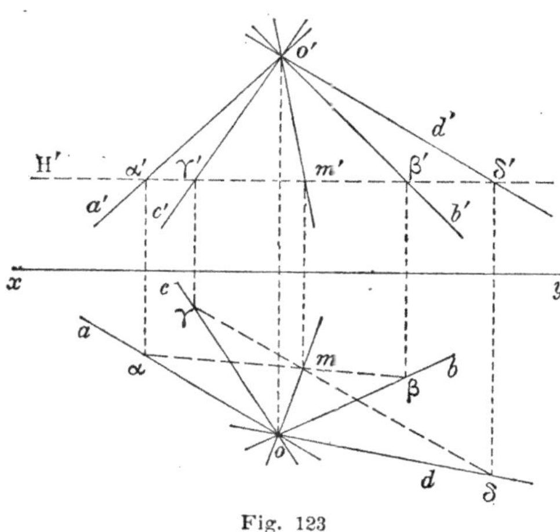

Fig. 123

95. Exemple II. — *Les deux plans sont définis par leurs traces.*

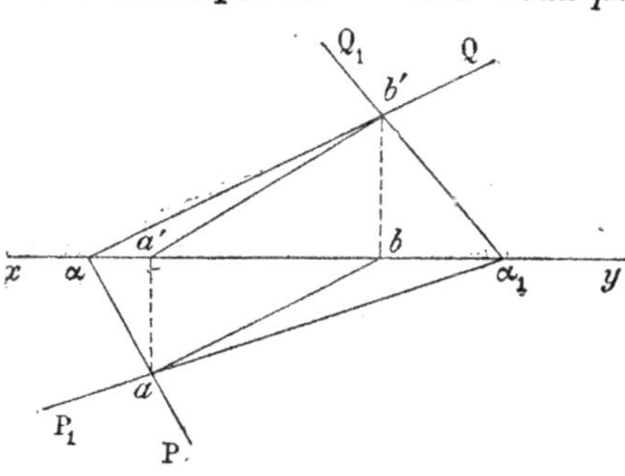

Fig. 124

Soient deux plans $P\alpha Q$, $P_1\alpha_1 Q_1$, définis par leurs traces (*fig.* 124). Les plans auxiliaires les plus simples qui se présentent dans ce cas sont les plans de projection. Le plan horizontal coupe les deux plans suivant leurs traces horizontales $P\alpha$, $P_1\alpha_1$; ces traces se rencontrent au point a, qui se projette verticalement en a' sur la ligne de terre. De même, le plan vertical coupe les deux plans suivant leurs traces verticales $Q\alpha$ et $Q_1\alpha_1$, qui se rencontrent au point (b, b'); l'intersection des deux plans est donc la droite $(ab, a'b')$.

Remarquons que les deux points (a, a') et (b, b') qui définissent la droite d'intersection des plans donnés sont respectivement la trace horizontale et la trace verticale de cette droite.

REMARQUE. — Si l'un des plans, $P_1\alpha_1Q_1$ par exemple, est un plan vertical (*fig.* 125), on voit, en appliquant les constructions précédentes, que la projection horizontale ab de la droite d'intersection des deux plans est confondue avec la trace horizontale $P_1\alpha_1$ du plan vertical ; ce résultat pouvait être prévu puisque toute figure d'un plan vertical se projette horizontalement sur la trace horizontale de ce plan (72).

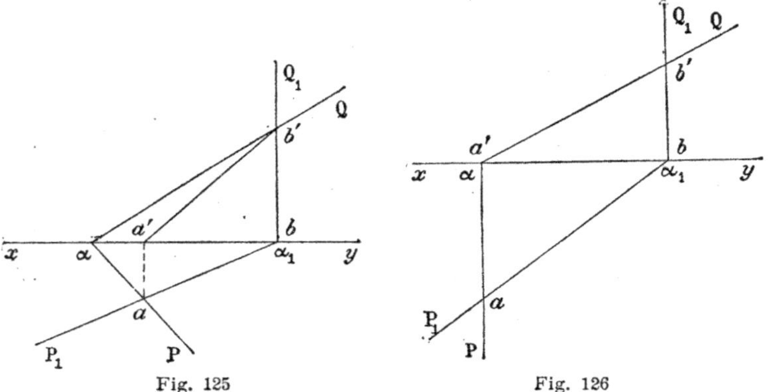

Fig. 125   Fig. 126

De même, si l'un des plans est de bout et l'autre vertical (*fig.* 126), la projection horizontale de la droite d'intersection des deux plans est confondue avec la trace horizontale du plan vertical, et sa projection verticale est confondue avec la trace verticale du plan de bout. Dans ce cas, on n'a aucune construction à faire.

96. Exemple III. — *Les traces horizontales des deux plans sont parallèles.*

Soient deux plans $P\alpha Q$, $P_1\alpha_1Q_1$ dont les traces horizontales $P\alpha$ et $P_1\alpha_1$ sont parallèles (*fig.* 127) ; la droite d'intersection de ces plans est elle-même parallèle à ces traces, c'est donc une horizontale. Or, le point de rencontre (b, b') des traces verticales est un point de l'intersection ; pour avoir celle-ci, il suffit alors de mener l'horizontale $(ba, b'a')$ de l'un des deux plans, passant par le point (b, b').

Si les traces verticales des deux plans sont parallèles, l'intersection de ces plans est, de même, la droite de front de l'un d'eux passant par le point de rencontre de leurs traces horizontales.

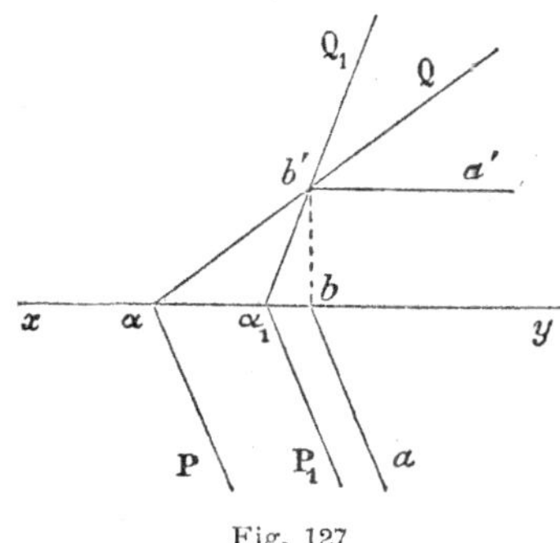

Fig. 127

97. Exemple IV. — *Les traces de même nom des deux plans ne se coupent pas dans les limites de l'épure.*

Dans ce cas on ne prend pas comme plans auxiliaires les plans de projection mais deux plans parallèles aux plans de projection.

Le plan horizontal H', par exemple, coupe le plan $P\alpha Q$ suivant l'horizontale $(am, a'm')$ (*fig*. 128) et le plan $P_1\alpha_1 Q_1$ suivant l'horizontale $(bm, b'm')$; les projections horizontales de ces deux droites se coupent au point m, qu'on relève en m'

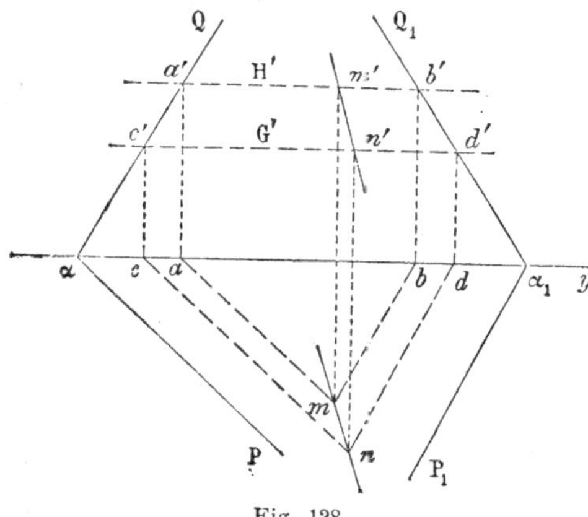

Fig. 128

sur H' ; le point (m, m') est un premier point de l'intersection cherchée. On en obtiendra un second point (n, n') en coupant les plans donnés par un autre plan horizontal G', et finalement la droite d'intersection des deux plans est la droite $(mn, m'n')$.

On peut employer de la même manière comme plans auxiliaires deux plans de front, ou bien un plan horizontal et un plan de front, ou bien encore des plans verticaux ou de bout.

98. Exemple V. — *Les deux plans coupent la ligne de terre au même point.*

Soient $P\alpha Q$, $P_1\alpha Q_1$ deux plans coupant xy au même point α (*fig*.129); le point α est un premier point de l'intersection. Pour en avoir un deuxième point, on a recours, par exemple, à un plan horizontal auxiliaire H', qui détermine dans les plans donnés les horizontales $(am, a'm')$ et $(bm, b'm')$; les projections hori-

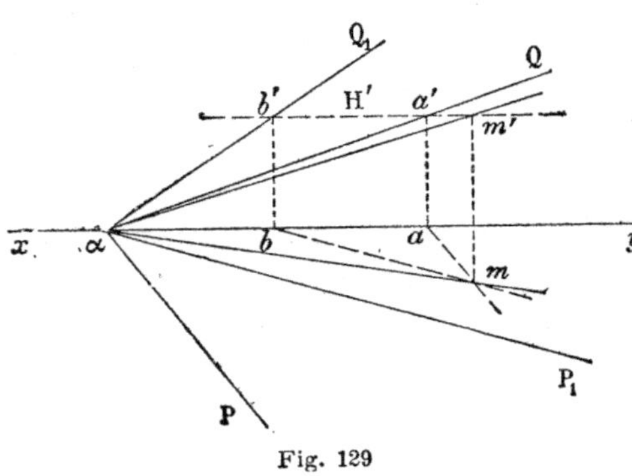

Fig. 129

zontales de ces droites se coupent en un point m qu'on rappelle en m' sur H'; (m, m') est le deuxième point cherché et l'intersection des deux plans est la droite $(\alpha m, \alpha m')$.

99. Exemple VI. — *Les deux plans sont parallèles à la ligne de terre.*

Supposons les deux plans déterminés par leurs traces, $(P\alpha, Q\beta)$ pour le premier, $(P_1\alpha_1, Q_1\beta_1)$ pour le second (*fig*.130). Les deux plans étant parallèles à xy, leur intersection est elle-même parallèle à xy, et il suffit dès lors d'en trouver un point. Pour cela, on coupe les deux plans par un plan auxiliaire, le plan vertical ab par exemple, qui détermine dans les plans don-

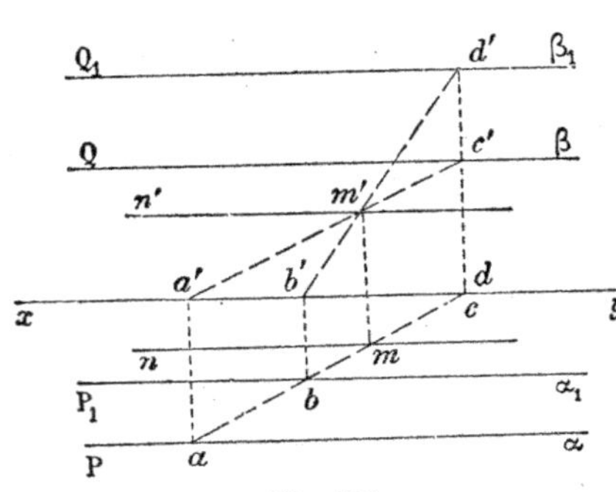

Fig. 130

nés les droites $(ac, a'c')$ et $(bd, b'd')$; les projections verticales de ces droites se coupent au point m', qu'on rappelle en m sur leur projection horizontale commune ab; le point (m, m') est un point de l'intersection cherchée, et celle-ci est la droite $(mn, m'n')$, parallèle à xy.

100. Exemple VII. — *L'un des plans est défini par deux droites, l'autre par ses traces.*

Soient $(oa, o'a')$ et $(ob, o'b')$ les droites définissant le premier plan, et soit PαQ le deuxième plan. On emploie encore comme plans auxiliaires deux des plans projetant horizontalement et verticalement les deux droites données. Le plan de bout projetant verticalement $(oa, o'a')$, par exemple, coupe le premier plan suivant cette droite elle-même et le second suivant la droite $(cd, c'd')$ (95, Rem.); ces droites se rencontrent au point (m, m'), qui est un premier point de l'intersection cherchée.

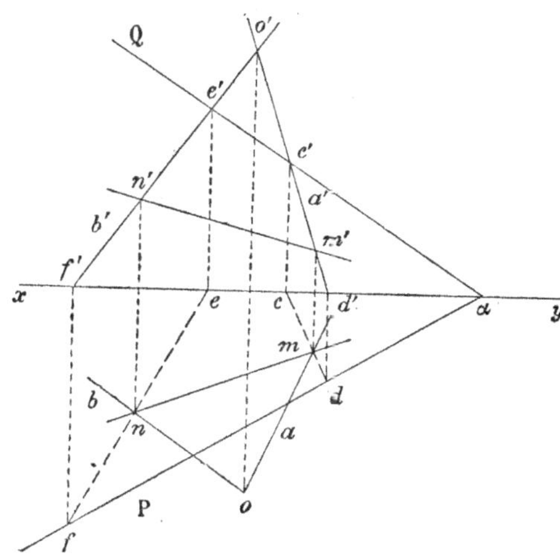

Fig. 131.

De même le plan de bout projetant verticalement $(ob, o'b')$ coupe le premier plan suivant cette droite et le deuxième suivant la droite $(ef, e'f')$; ces droites se rencontrent au point (n, n'), qui est un deuxième point de l'intersection; celle-ci est alors la droite $(mn, m'n')$.

REMARQUE. — Si aucun des quatre plans auxiliaires que nous avons indiqués ne donne des constructions restant dans les limites de l'épure, on emploie d'autres plans verticaux ou de bout, ou des plans horizontaux ou de front choisis convenablement.

101. Exemple VIII. — *L'un des plans passe par la ligne de terre.*

Supposons que l'un des plans donnés soit défini par xy et le point (a, a'); nous allons montrer comment on peut trouver l'intersection d'un tel plan avec un autre plan, en faisant diverses hypothèses sur la façon de définir ce dernier.

1° *Le deuxième plan est défini par deux droites concourantes.*

En joignant le point (a, a') à deux points distincts pris sur xy, on obtient deux droites appartenant au premier plan, et on est alors ramené au premier exemple traité (94).

2° Le deuxième plan est défini par ses traces et rencontre xy.

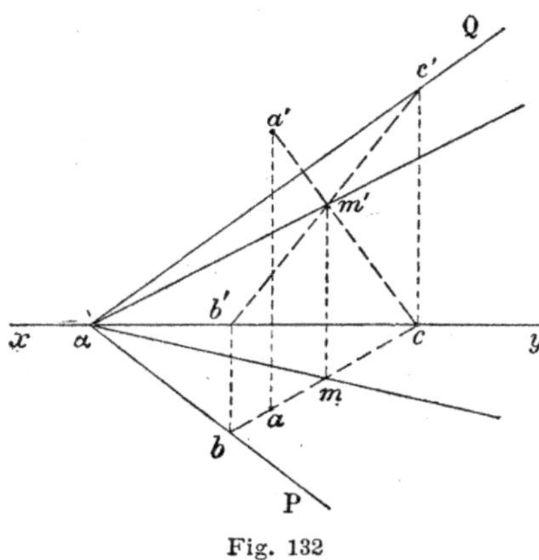

Fig. 132

Soit PαQ ce deuxième plan (*fig.* 132); le point α où il rencontre *xy* est déjà un premier point de l'intersection. Pour en obtenir un second, on emploie un plan auxiliaire passant par le point (a, a'), par exemple un plan vertical *ac*; ce plan rencontrant la ligne de terre au point *c* coupe le premier plan donné suivant la droite $(ac, a'c)$; il coupe le plan PαQ suivant la droite $(bc, b'c')$. Ces deux droites se rencontrent au point (m, m'), qui est le deuxième point cherché. La droite d'intersection des deux plans est donc $(αm, αm)$.

3° Le deuxième plan est défini par ses traces et est parallèle à xy.

Soient Pα et Qβ les traces du deuxième plan, parallèles à *xy*

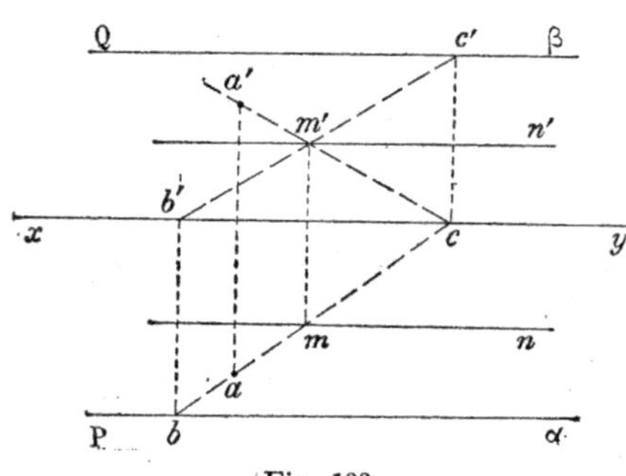

Fig. 133

(*fig.* 133). Les deux plans donnés étant parallèles à la ligne de terre, leur intersection est elle-même parallèle à *xy*, et il suffit dès lors d'en trouver un point; pour cela, on emploie comme précédemment un plan auxiliaire passant par le point (a, a'), le plan vertical *ac* par exemple; ce plan, rencontrant la ligne de terre au point *c* coupe le premier plan donné suivant la droite $(ac, a'c)$, il coupe le plan $(Pα, Qβ)$ suivant la droite $(bc, b'c')$; ces deux droites se rencontrent au point (m, m'), qui est un point de l'intersection cherchée; celle-ci est donc la parallèle $(mn, m'n')$ à *xy*.

102. Exemple IX. — *L'un des plans est le deuxième plan bisscteur.*

Si l'autre plan est défini par deux droites $(oa, o'a')$, et $(ob, o'b')$

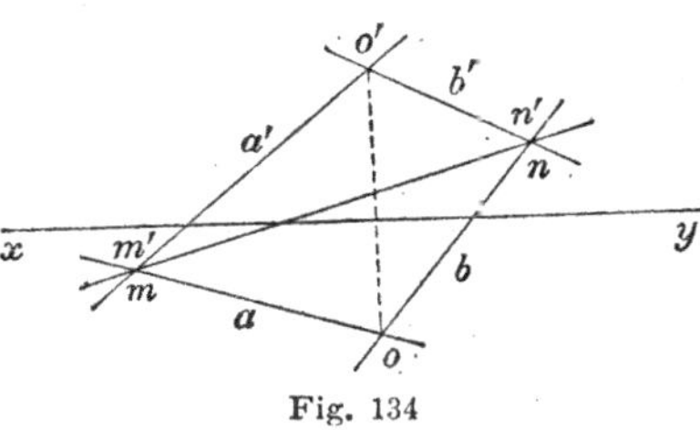

Fig. 134

($fig.$ 134), il suffit de chercher les points (m, m') et
(n, n') où ces deux droites
coupent respectivement le
deuxième plan bissecteur
(33). La droite $(mn, m'n')$
est l'intersection du plan
donné avec le deuxième plan
bissecteur.

Si le deuxième plan PαQ est défini par ses traces et rencontre
xy au point α ($fig.$ 135), ce point appartient à l'intersection
cherchée et il suffit d'en trouver un second point. Pour cela, on
construit une droite quelconque $(ab, a'b')$ du plan PαQ et on détermine le point (m, m') où elle rencontre le deuxième plan bissecteur ; la droite d'intersection du plan PαQ avec le deuxième plan
bissecteur est alors $(\alpha m, \alpha m')$.

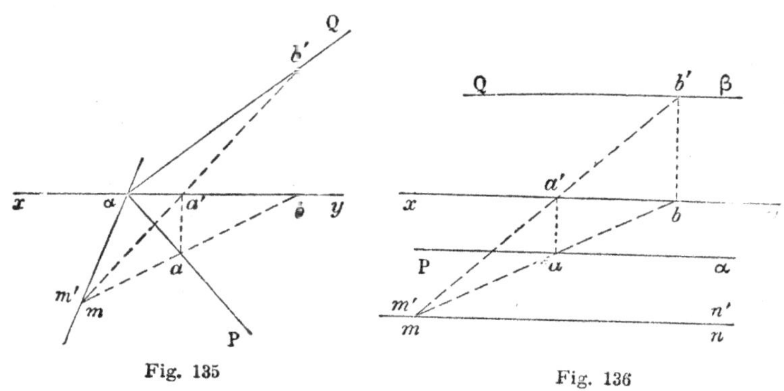

Fig. 135

Fig. 136

Enfin, si le deuxième plan est parallèle à xy et défini par ses
traces Pα et Qβ ($fig.$ 136), il est évident que l'intersection cherchée est elle-même parallèle à xy ; on cherche alors comme précédemment le point (m, m') où une droite quelconque $(ab, a'b')$
du plan donné perce le deuxième plan bissecteur, et la droite
demandée est la parallèle $(mn, m'n')$ à xy.

103. Exemple X. — *L'un des plans est le premier plan bissecteur.*

Supposons d'abord l'autre plan défini par deux droites

$(oa, o'a')$ et $(ob, o'b')$ (*fig.* 137) ; on cherche alors les points où ces droites rencontrent le premier plan bissecteur (33). Pratique-

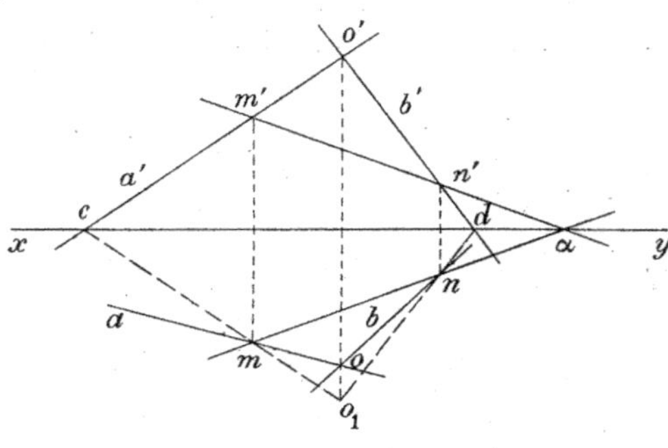

Fig. 137.

ment, on marque les points c et d où les projections verticales des droites données rencontrent xy et on construit le symétrique o_1 du point o' par rapport à xy. Les droites o_1c et o_1d rencontrent respectivement les projections horizontales oa et ob des droites données en des points m et n, qu'on rappelle verticalement en m' et n' sur $o'a'$ et $o'b'$. Les points (m, m') et (n, n') sont les points de rencontre des droites définissant le plan donné avec le premier plan bissecteur, et par suite la droite $(mn; m'n')$ est l'intersection de ces deux plans.

La droite obtenue doit être parallèle à xy ou la rencontrer, car xy est également dans le premier plan bissecteur.

Si le deuxième plan $P\alpha Q$ est défini par ses traces et rencontre xy au point α (*fig.* 138), ce point est un premier point de l'inter-

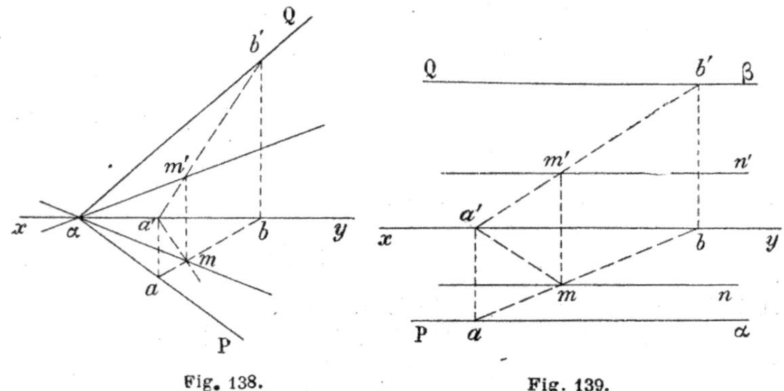

Fig. 138.　　　　　Fig. 139.

section cherchée, de sorte qu'il suffit d'en trouver un second point ; pour cela, on construit une droite quelconque $(ab, a'b')$ du plan $P\alpha Q$, et on détermine le point (m, m') où elle rencontre

le premier plan bissecteur (33) ; la droite d'intersection du plan
PαQ avec le premier plan bissecteur est alors (αm, $\alpha m'$).

Enfin, si le deuxième plan donné est parallèle à xy et défini par
ses traces Pα et Qβ (*fig.* 139), l'intersection cherchée est elle-
même parallèle à xy ; on cherche alors, comme plus haut, le point
(m, m') où une droite quelconque (ab, $a'b'$) du plan (Pα, Qβ)
perce le premier plan bissecteur, et par ce point on mène la
parallèle (mn, $m'n'$) à xy ; c'est la droite demandée.

104. REMARQUE. — L'intersection d'un plan quelconque avec
les plans bissecteurs, et en particulier avec le second, ne nécessitant que des constructions simples, pour obtenir l'intersection
de deux plans quelconques, on emploie quelquefois les plans bissecteurs comme plans auxiliaires.

Ainsi, reprenons le problème du n° 94 : *déterminer l'intersection de deux plans définis chacun par deux droites concourant au*

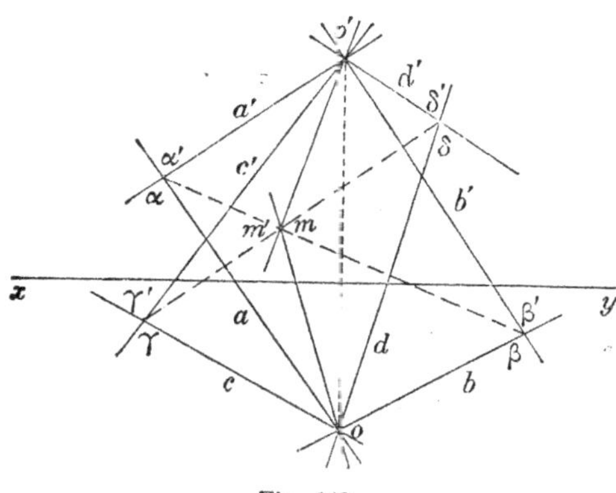

Fig. 140

même point. Soient
(oa, $o'a'$) et (ob, $o'b'$)
les droites définissant
le premier plan, (oc,
$o'c'$) et (od, $o'd'$) les
droites définissant le
second (*fig.* 140).
Ces quatre droites
percent respective-
ment le deuxième
plan bissecteur aux
points (α, α'), (β, β'),
(γ, γ') et (δ, δ'); donc
les plans donnés cou-
pent eux-mêmes le
deuxième plan bissecteur suivant les droites ($\alpha\beta$, $\alpha'\beta'$) et ($\gamma\delta$, $\gamma'\delta'$),
lesquelles se rencontrent au point (m, m') ; ce point appartient à
l'intersection cherchée, et comme (o, o') en est un autre point,
cette intersection est la droite (om, $o'm'$).

L'épure à laquelle conduit ce raisonnement ne contient que
deux droites auxiliaires, tandis que l'épure de la figure 123, qui
résout le même problème, en contient *huit*. Malheureusement,
dans un grand nombre de cas, l'utilisation du second plan bissecteur comme plan auxiliaire donne lieu à des constructions
sortant des limites de l'épure

§ II.

Intersection d'une droite et d'un plan.

105. Problème. — *Trouver le point d'intersection d'une droite quelconque avec un plan perpendiculaire à l'un des plans de projection.*

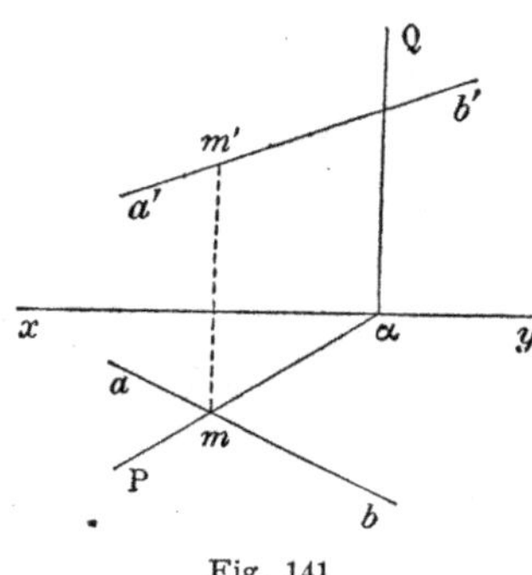

Fig. 141

Soit, par exemple, à déterminer l'intersection de la droite $(ab, a'b')$ avec le plan vertical PαQ (*fig.141*). Nous savons (72, 4°) que tout point d'un plan vertical se projette horizontalement sur la trace horizontale du plan ; donc la projection horizontale m du point cherché est à l'intersection de ab avec Pα, et on obtient sa projection verticale m' en rappelant m sur $a'b'$.

On obtient de la même façon les projections du point de rencontre d'une droite quelconque avec un plan de bout.

106. Problème général. — *Trouver le point de rencontre d'une droite et d'un plan quelconques.*

MÉTHODE GÉNÉRALE. — Pour obtenir le point de rencontre d'une droite D et d'un plan P, on fait passer par la droite D un plan auxiliaire Q, et on détermine la droite d'intersection Δ de ce plan avec le plan P ; cette droite Δ rencontre D au point cherché.

Le plan auxiliaire Q peut être choisi arbitrairement parmi tous les plans passant par D, mais pratiquement, pour avoir des épures plus simples, on choisit l'un des plans projetant horizontalement ou verticalement la droite D ; pour déterminer la droite Δ, on est alors ramené au problème du n° 92.

Nous allons appliquer cette méthode générale à quelques exemples.

107. Exemple I. — *Le plan est déterminé par deux droites concourantes.*

Soit à déterminer le point de rencontre de la droite $(cd, c'd')$

avec le plan défini par les deux droites $(oa, o'a')$ et $(ob, o'b')$ (*fig.* 142). Le plan vertical cd projetant horizontalement la

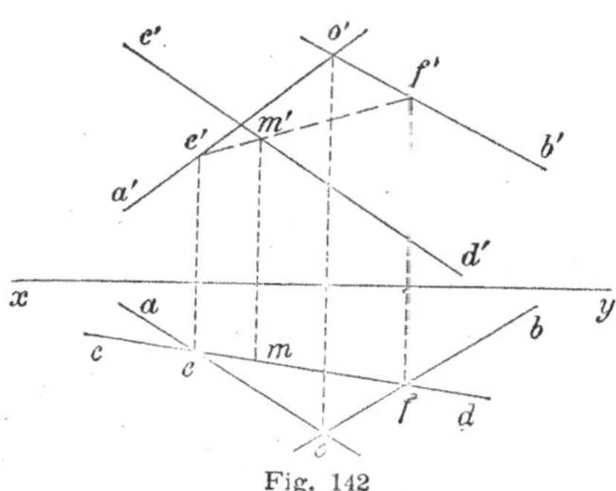

Fig. 142

droite donnée coupe le plan donné suivant la droite $(ef, e'f')$ (92); cette droite rencontre $(cd, c'd')$ au point dont la projection verticale m' est à l'intersection de $c'd'$ et de $e'f'$ et dont la projection horizontale m s'obtient en rappelant m' sur cd; le point (m, m') est le point cherché.

REMARQUE. — Dans cet exemple, on a choisi comme plan auxiliaire le plan projetant horizontalement la droite $(cd, c'd')$ au lieu du plan de bout projetant verticalement cette même droite, parce que ce dernier conduit, comme on le voit aisément, à des constructions sortant des limites de l'épure. Si cette circonstance se produit pour les deux plans projetants, on choisit un autre plan auxiliaire passant par $(ab, a'b')$, ou bien on substitue à l'une des deux droites définissant le plan donné, un autre droite de ce plan.

108. Exemple II. — *Le plan est défini par ses traces.*

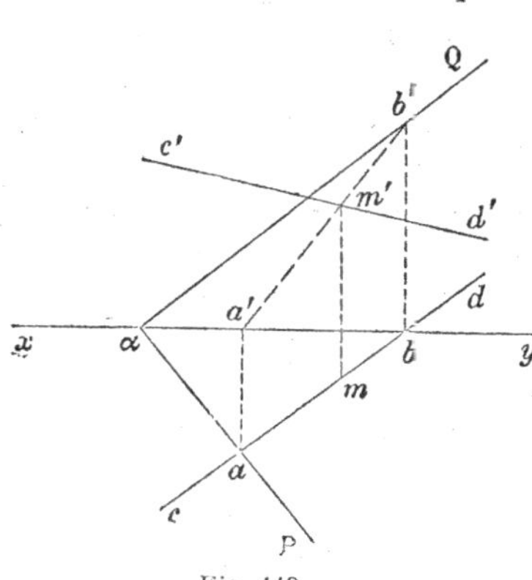

Fig. 143

Soit à déterminer le point de rencontre de la droite $(cd, c'd')$ avec le plan $P\alpha Q$ (*fig.* 143). Prenons encore pour plan auxiliaire le plan vertical cd projetant horizontalement la droite donnée, plan qui coupe le plan $P\alpha Q$ suivant la droite $(ab, a'b')$ (95, Rem.); le point de rencontre (m, m') de cette droite avec la droite $(cd, c'd')$ se trouve comme à l'exemple précédent; c'est le point cherché.

REMARQUE.— S'il arrive pour chacun des plans projetant la droite donnée qu'une de ses traces ne rencontre pas dans les limites de l'épure la trace de même nom du plan donné, on substitue à celle-ci une autre droite du plan, par exemple une horizontale ou une droite de front. Ainsi dans l'épure de la figure 144, où on a pris comme plan auxiliaire le plan vertical *cd* projetant horizontalement la droite, on voit que la trace verticale de ce plan ne rencontre pas dans le cadre de l'épure la trace verticale du plan PαQ ; on construit alors, par exemple, une horizontale (*be*, *b'e'*) du plan PαQ, et on marque les points (*a*, *a'*),

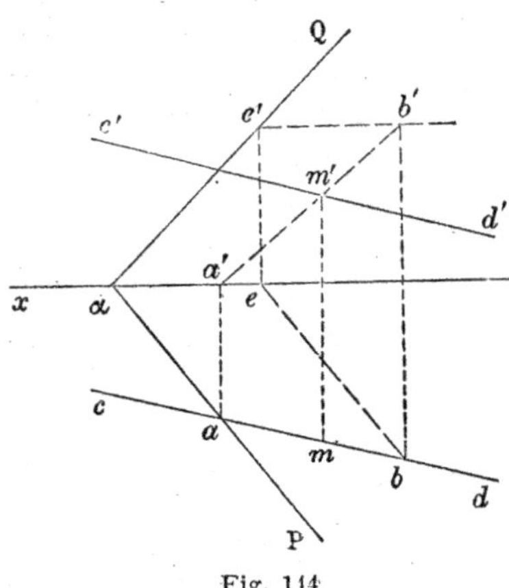

Fig. 114

(*b*, *b'*) où le plan vertical *cd* rencontre la trace horizontale du plan donné et l'horizontale auxiliaire (*be*, *b'e'*) ; l'intersection de ces deux plans est la droite (*ab*, *a'b'*), et le point (*m*, *m'*) où cette droite rencontre (*cd*, *c'd'*) est le point cherché.

109. Exemple III. — *Le plan passe par la ligne de terre.*

Soit à déterminer le point de rencontre de la droite (*cd*, *c'd'*) avec le plan défini par *xy* et le point (*a*, *a'*) (*fig.* 145). En considérant ce plan comme déterminé par *xy* et la droite (*ba*, *b'a'*) qui joint un point quelconque (*b*, *b'*) de *xy* au point donné (*a*, *a'*), on cherche successivement les points (*e*, *e'*) et (*f*, *f'*) où le plan de bout *c'd'* qui projette verticalement la droite donnée rencontre *xy* et la droite (*ba*, *b'a'*). La droite (*ef*, *e'f'*) est alors l'intersec-

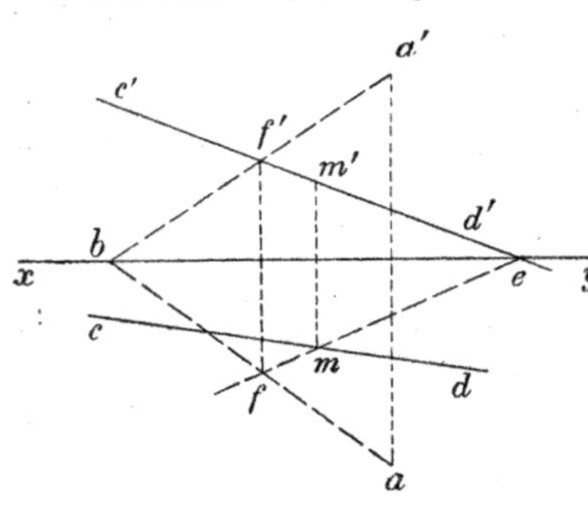

Fig. 145.

tion du plan donné et du plan de bout auxiliaire *c'd'*, et le point (*m*, *m'*) où elle rencontre (*cd*, *c'd'*) est le point cherché.

110. Exemple IV. — *La droite est de profil.*

Pour trouver le point de rencontre d'une droite de profil

(ab, $a'b'$) définie par deux de ses points avec un plan quelconque (*fig.* 146, 147 et 148), on peut choisir comme plan auxiliaire, le plan de profil contenant la droite donnée, plan qui est d'ailleurs le plan projetant à la fois horizontalement et verticalement cette droite.

1° Le plan est donné par ses traces.

Soit PαQ le plan donné (*fig.* 146) ; le plan de profil contenant la droite (ab, $a'b'$) coupe ce plan suivant la droite de profil

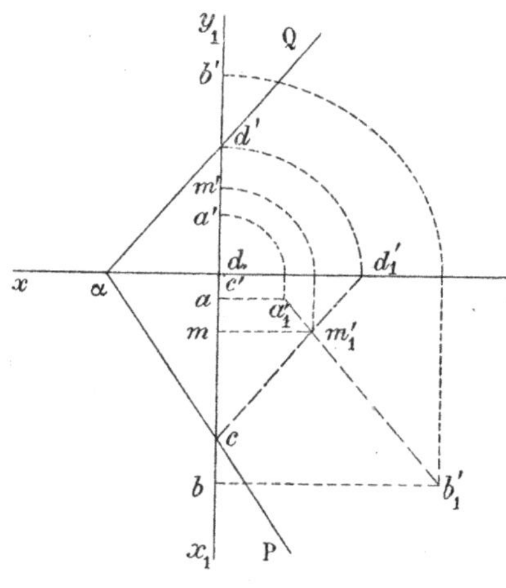

Fig. 146.

(cd, $c'd'$) (95), et on est conduit à chercher le point de rencontre des deux droites de profil (ab, $a'b'$) et (cd, $c'd'$). Pour cela (44), on fait un changement de plan vertical, en prenant comme nouvelle ligne de terre $x_1 y_1$ la droite $ab a'b'$, et on détermine les projections verticales $a_1'b_1'$ et cd_1' des deux droites dans ce nouveau système de projections ; $a_1'b_1'$ et cd_1' se coupent au point m_1', qui est la projection verticale dans le nouveau système du point de rencontre des deux droites de profil ; on en déduit facilement les projections m et m' de ce point dans le système primitif.

Dans la résolution du problème précédent, nous avons fait emploi d'un changement de plan vertical. Il est cependant possible d'éviter ce changement de plan, et dans certains cas, on peut faire des constructions plus simples, ainsi que nous allons le montrer dans les exemples qui suivent.

2° Le plan est défini par deux droites concourantes.

Soit à trouver le point de rencontre de la droite de profil (ab, $a'b'$) avec le plan défini par les droites (oc, $o'c'$) et (od, $o'd'$) (*fig.* 147). Ce plan est coupé par le plan de profil contenant la droite (ab, $a'b'$) suivant la droite de profil (cd, $c'd'$), et on pourrait encore déterminer comme au n° précédent le point commun à ces deux droites. Au lieu de procéder ainsi, nous prendrons comme plan auxiliaire le plan défini par le point (o, o') et la droite de profil donnée, plan qui est déterminé encore par les droites $(oa, o'a')$ et $(ob, o'b')$, et nous chercherons, par l'une des méthodes données antérieurement (94 et 104), la droite d'intersection de ce plan et du plan donné. Dans la figure 147, le deuxième plan bissecteur n'est pas utilisable, car il donne lieu

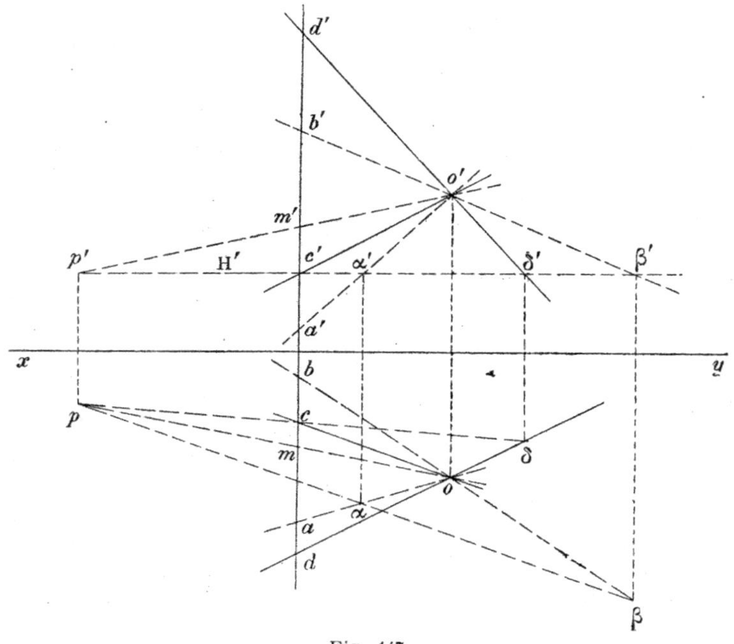

Fig. 147.

à des constructions sortant des limites de l'épure. Prenons alors un plan horizontal auxiliaire H', qui coupe les deux plans suivant les horizontales $(\alpha\beta, \alpha'\beta')$ et $(c\delta, c'\delta')$; ces horizontales se rencontrent au point (p, p'), qui appartient à l'intersection des deux plans, de sorte que cette intersection est la droite $(op, o'p')$; elle rencontre la droite de profil $(ab, a'b')$ au point (m, m'), qui est le point d'intersection de cette droite avec le plan donné.

Remarque. — Le raisonnement que nous venons de faire et

l'épure de la figure 147 résolvent le problème traité au n° 44 : *Trouver le point* (m, m') *commun à deux droites* $(ab, a'b')$, $(cd, c'd')$ *situées dans un même plan de profil*, sans qu'il soit nécessaire de faire un changement de plan vertical. Lorsque le problème est posé de cette façon, le point (o, o') est alors un point choisi arbitrairement dans l'espace.

3° *Le plan contient la ligne de terre.*

Soit à trouver le point de rencontre de la droite de profil $(ab, a'b')$

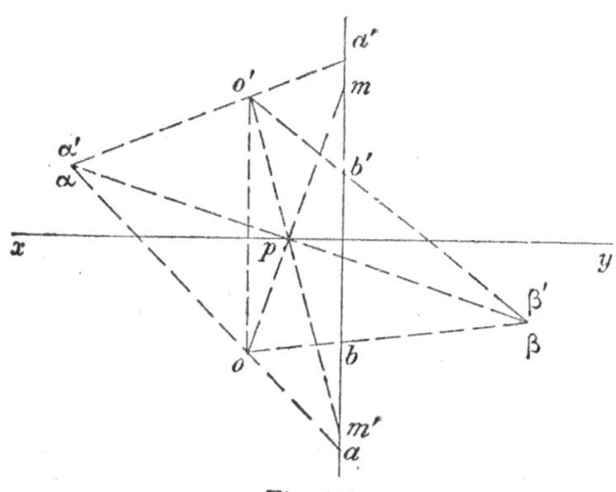

Fig. 148

avec le plan défini par la droite xy et le point (o, o') *(fig.*148). Nous prendrons encore comme plan auxiliaire le plan des deux droites $(oa, o'a')$ et $(ob, o'b')$, qui contient le point (o, o') et la droite de profil donnée, et nous chercherons son intersection avec le plan donné ; le point (o, o') en est un premier point, de sorte qu'il suffit d'en chercher un second point. Pour cela, nous aurons recours au deuxième plan bissecteur, qui coupe le plan donné suivant xy, et le plan auxiliaire choisi suivant la droite $(\alpha\beta, \alpha'\beta')$, laquelle rencontre à son tour xy au point p, deuxième point cherché.

La droite d'intersection du plan donné avec le plan auxiliaire défini plus haut est donc $(op, o'p)$, elle rencontre la droite de profil $(ab, a'b')$ au point (m, m') ; c'est le point d'intersection de cette droite avec le plan donné.

111. Applications. — 1° *Étant donnée l'une des projections d'un point d'un plan donné, déterminer l'autre projection de ce point.*

Ce problème a déjà été résolu aux n°s 51 et 61, mais nous allons en donner une autre solution.

Soit, par exemple, à trouver la projection verticale d'un point appartenant au plan PαQ (*fig.* 149), ou au plan défini par les droites $(oe, o'e')$ et $(of, o'f')$ (*fig.* 150), connaissant la projection horizontale m de ce point.

Le lieu géométrique des points de l'espace ayant m pour projection horizontale est la verticale $(m, \mu z')$, dont la trace horizontale est m ; en particulier, le point du plan donné projeté horizontalement en m est le point de rencontre de cette verticale et du plan, de sorte qu'on est ramené à chercher l'intersection d'une droite et d'un plan. Prenons par exemple comme plan

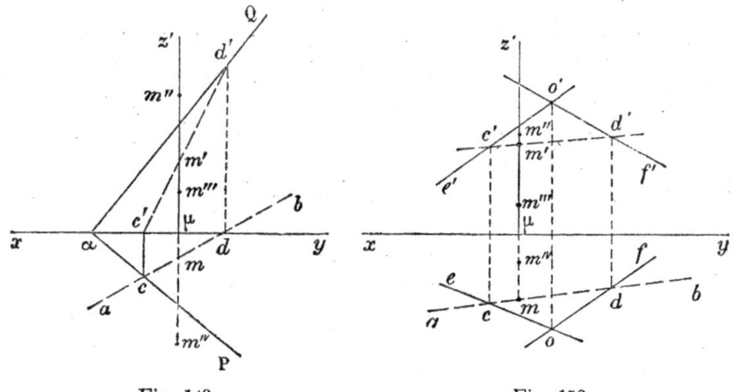

Fig. 149
Fig. 150

auxiliaire le plan vertical ab qui contient la verticale $(m, \mu z')$; ce plan coupe le plan donné suivant la droite $(cd, c'd')$, dont la projection verticale rencontre $\mu z'$ au point m' ; m' est la projection verticale du point cherché. Les constructions auxquelles conduisent ce raisonnement sont identiques à celles que nous avons indiquées aux n⁰ˢ 51 et 61.

2° *Étant données les projections d'un point, reconnaître si le point est au-dessus ou au-dessous d'un plan donné.*

Étant donnés un plan P et un point M en dehors de ce plan, si le plan P n'est pas un plan vertical, la verticale du point P le coupe en un point M′ : *suivant que la cote du point* M *est supérieure ou inférieure à celle du point* M′, *on dit que le point* M *est au-dessus ou au-dessous du plan* P.

Soit, par exemple, à reconnaître la position du point (m, m'') par rapport au plan PαQ (*fig.* 149) ou au plan défini par les droites $(oe, o'e')$ et $(of, o'f')$ (*fig.* 150). La verticale du point donné rencontre le plan au point (m, m'), et on voit que la cote $\mu m'$ de ce point est inférieure à la cote $\mu m''$ du point donné, qui est alors *au-dessus* du plan. Au contraire le point (m, m''') est *au-dessous* du plan donné ; il en est de même du point (m, m^{IV})

dont la cote est négative, tandis que celle du point (m, m'), où sa verticale rencontre le plan donné, est positive.

§ III.

Intersection de trois plans.

112. Solution géométrique. — Étant donnés trois plans, P, Q. R, *non parallèles* entre eux, si on désigne par D la droite d'intersection des plans P et Q et par D′ la droite d'intersection des plans P et R, les droites D et D′ étant dans un même plan P, trois cas peuvent se présenter :

1° D et D′ concourent en un point M. Dans ce cas M est le point commun aux trois plans donnés, et la droite d'intersection des plans Q et R passe aussi par le point M ;

2° D et D′ sont parallèles. Les trois plans sont alors parallèles à une même direction, celle de D (ou D′), et ils forment une surface prismatique ; l'intersection de Q et R est parallèle à D et D′ et les plans n'ont aucun point commun ;

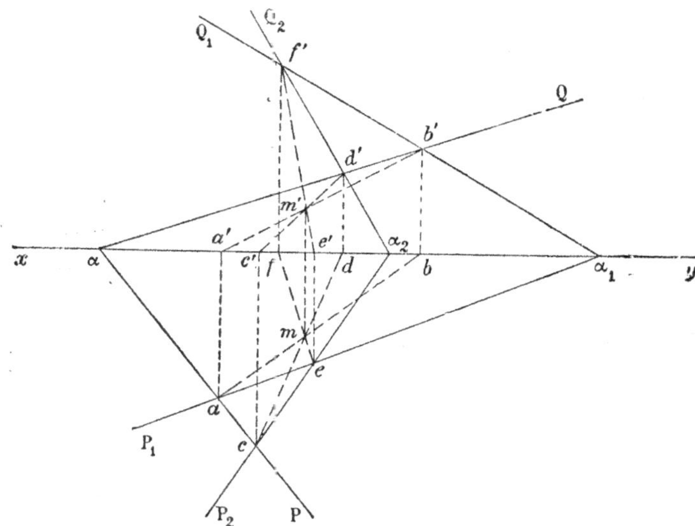

Fig. 151

3° D et D′ sont confondues. Les trois plans passent par une même droite.

113. Solution graphique. — Soit à trouver le point commun aux trois plans $P\alpha Q$, $P_1\alpha_1Q_1$, $P_2\alpha_2Q_2$, définis par leurs traces (*fig.* 151).

Les plans $P\alpha Q$ et $P_1\alpha_1Q_1$ se coupent suivant la droite $(ab, a'b')$,

— $P\alpha Q$ et $P_2\alpha_2Q_2$ — — $(cd, c'd')$.

Les droites $(ab, a'b')$ et $(cd, c'd')$ se rencontrent au point (m, m') qui est le point cherché ; la droite $(ef, e'f')$, suivant laquelle se coupent les plans $P_1\alpha_1Q_1$ et $P_2\alpha_2Q_2$ doit, bien entendu, passer également au point (m, m').

§ IV.

Problèmes relatifs à la droite et au plan.

114. Problème. — *Mener par un point une droite s'appuyant sur deux droites données.*

Solution géométrique. — Soit à mener par le point O une droite s'appuyant sur les droites D et D′ (*fig.* 152). Supposons le problème résolu et soit MN la droite cherchée ; cette droite appartient au plan P déterminé par le point O et la droite D, elle appartient aussi au plan Q déterminé par le point O et la droite D′ ; c'est donc la

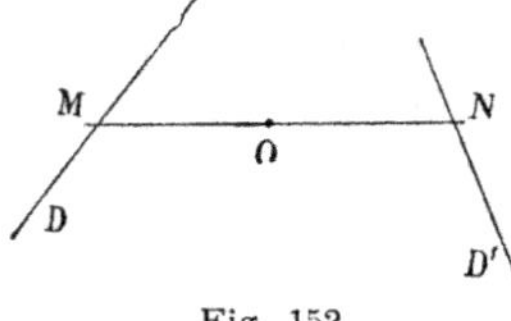
Fig. 152

droite d'intersection de ces plans P et Q. Comme on connaît déjà un point de la droite cherchée, le point O, il suffit d'en trouver un second point, par exemple le point N où la droite D′ rencontre le plan P.

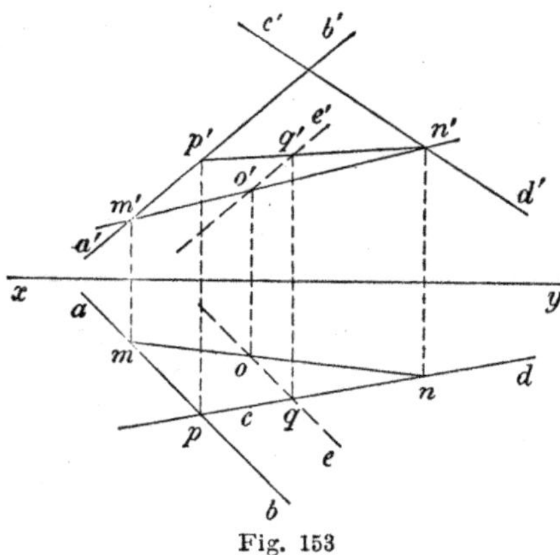
Fig. 153

Solution graphique. — Soit à mener par le point (o, o') une droite s'appuyant sur les droites $(ab, a'b')$ et $(cd, c'd')$ (*fig.* 153). Le plan P défini par le point (o, o') et la droite $(ab, a'b')$ contient la parallèle $(oe, o'e')$ à cette droite menée par le point (o, o') ; pour obtenir le point de rencontre de ce plan et de la droite $(cd, c'd')$, on prend par exemple comme plan auxiliaire le plan vertical cd qui projette horizontalement $(cd, c'd')$; ce plan coupe le plan P suivant la droite $(pq, p'q')$ qui rencontre $(cd, c'd')$ au point (n, n'); la droite cherchée est $(on, o'n')$, et pour vérifier l'exactitude des constructions, on s'assure qu'elle rencontre $(ab, a'b')$, c'est-à-dire que les projections de même nom de ces deux droites se coupent en deux points m et m' situés sur une même ligne de rappel.

115. Problème. — *Mener par un point une droite parallèle à un plan donné et s'appuyant sur une droite donnée.*

SOLUTION GÉOMÉTRIQUE. — Soit à mener par le point O une droite parallèle au plan P et rencontrant la droite D (*fig.* 154). Supposons le problème résolu et soit OM la droite cherchée; OM étant, par hypothèse, parallèle au plan P, appartient au plan Q mené par O parallèlement à P, et comme elle rencontre la droite D, c'est la droite joignant le point O au point M où D rencontre le plan Q.

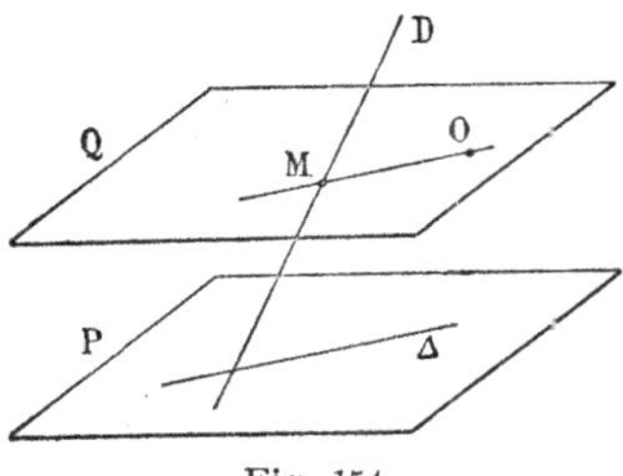

Fig. 154

On peut encore dire : La droite cherchée OM appartient au plan déterminé par le point O et la droite D, et comme elle est parallèle au plan P, c'est la parallèle menée par O à la droite d'intersection Δ du plan P avec le plan (O, D).

SOLUTION GRAPHIQUE. — Soit, par exemple, à mener par le point (o, o') une droite parallèle au plan PαQ et rencontrant la droite $(ab, a'b')$ (*fig.* 155).

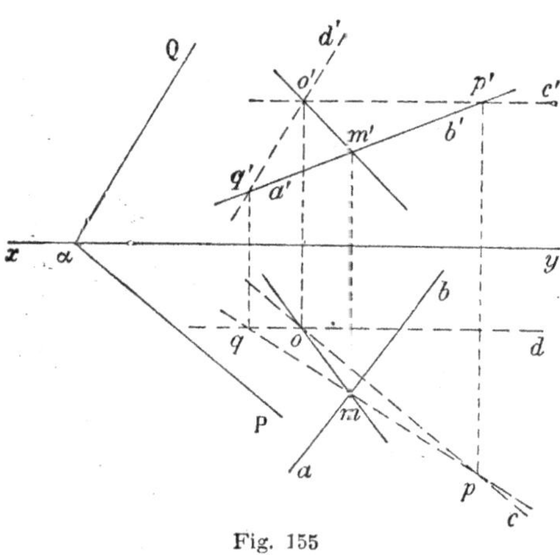

Fig. 155

Le plan mené par (o, o') parallèlement au plan PαQ est déterminé par l'horizontale $(oc, o'c')$ parallèle à Pα, et par la droite de front

(od, $o'd'$) parallèle à Qz (90) ; on obtient le point de rencontre (m, m') de ce plan avec la droite (ab, $a'b'$) en utilisant comme plan auxiliaire (107) le plan de bout $a'b'$ projetant verticalement (ab, $a'b'$) ; la droite cherchée est (om, $o'm'$).

116. Problème. — *Mener une droite de direction donnée s'appuyant sur deux droites données.*

SOLUTION GÉOMÉTRIQUE. — Soit à mener une droite parallèle à Δ rencontrant les droites D et D' (*fig. 156*). Supposons le problème résolu et soit MN la droite cherchée ; cette droite est contenue à la fois dans le plan P mené par D parallèlement à Δ et dans le plan Q mené par D' parallèlement à Δ : elle est donc la droite d'intersection des plans P et Q. Mais on connaît *a priori* la direction de la droite MN ; il suffit alors d'en chercher seulement un point, par exemple le point M où la droite D rencontre le plan Q, et de mener ensuite par M la parallèle à Δ.

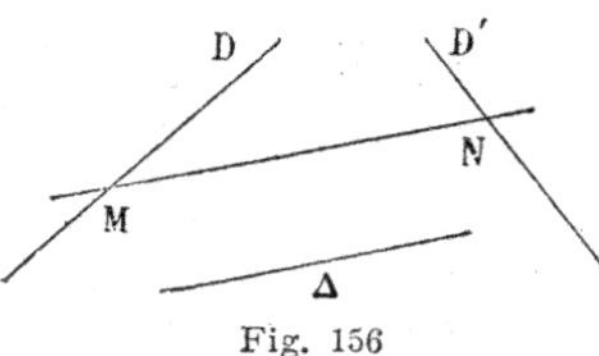

Fig. 156

SOLUTION GRAPHIQUE. — Soit, par exemple, à mener une droite parallèle à (ef, $e'f'$) s'appuyant sur les droites (ab, $a'b'$) et (cd, $c'd'$) (*fig. 157*). Le plan Q mené par (cd, $c'd'$) parallèlement à (ef, $e'f'$) est déterminé par la droite (cd, $c'd'$) et la parallèle (ij, ij') à (ef, $e'f'$) menée par un point quelconque (i, i') de (cd, $c'd'$) ; on cherche le point de rencontre (m, m') de ce plan Q avec la droite (ab, $a'b'$) en utilisant le plan vertical ab projetant horizontalement cette droite (107) ; la droite cherchée est la parallèle (mn, $m'n'$) à (ef, $e'f'$) menée par ce point (m, m') ; on vérifie qu'elle rencontre (cd, $c'd'$), c'est-à-dire

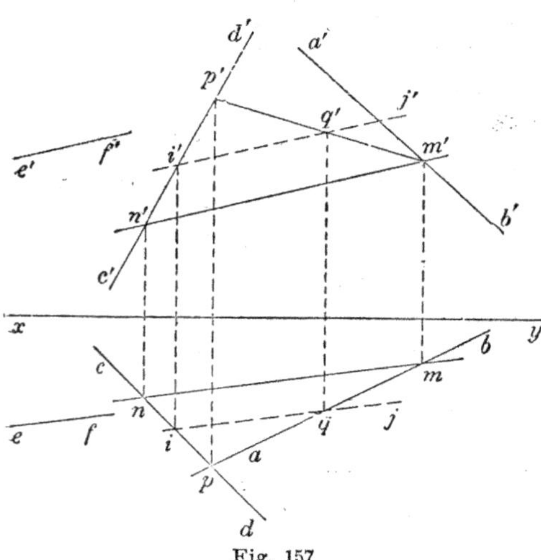

Fig. 157

que les projections de même nom des deux droites se coupent en deux points n, n' situés sur une même ligne de rappel.

EXERCICES

1. Trouver l'intersection de deux plans dont les traces de noms contraires coïncident (Expliquer le résultat.)

2. Construire un tétraèdre connaissant les projections d'un point de chaque arête.

3. Trouver l'intersection d'une droite avec un plan perpendiculaire au deuxième plan bissecteur.

4. Construire une droite rencontrant trois droites données (infinité de solutions).

5. Construire une horizontale, de longueur donnée rencontrant une verticale et une droite quelconque données.

6. Construire une droite parallèle à deux plans donnés et rencontrant deux droites données.

7. Mener par un point une droite rencontrant la ligne de terre et une droite de profil donnée.

8. Mener par un point :
1° une horizontale rencontrant une droite de profil donnée ;
2° une droite de front — —
3° une parallèle au 1er bissecteur —
4° une parallèle au 2e bissecteur —

CHAPITRE V

DROITES ET PLANS PERPENDICULAIRES

§ I.

Droite et plan perpendiculaires.

117. Théorème. — *La projection d'un angle droit sur un plan parallèle à l'un des côtés de cet angle est un angle droit.*

Soit par exemple l'angle droit BAC, que l'on projette sur le plan P parallèle à AB (*fig.* 158). D'abord AB et sa projection *ab* sont

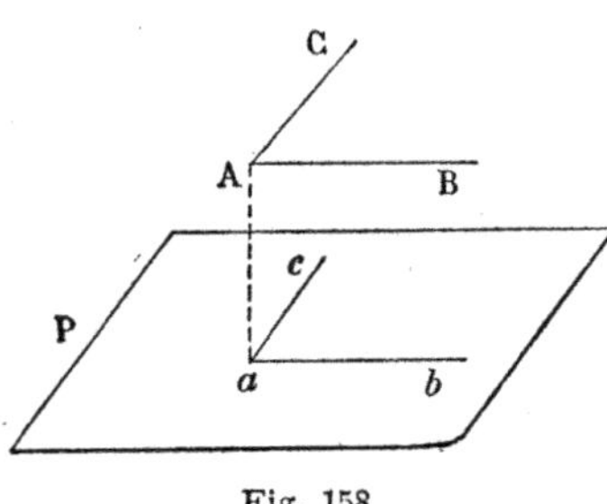

Fig. 158

parallèles (5, III) ; donc *ab* est comme AB, perpendiculaire à AC. D'autre part, *ab* étant également perpendiculaire à A*a*, projetante du point A, est perpendiculaire au plan *a*AC déterminé par A*a* et AC : or ce plan est le plan projetant AC sur P, donc il contient la projection *ac* de AC ; par suite *ab* est perpendiculaire sur *ac*, autrement dit l'angle *bac,* projection de l'angle droit BAC, est aussi un angle droit.

Ce théorème admet deux réciproques :

118. Réciproque 1. — *Tout angle qui se projette sur un plan parallèle à l'un de ses côtés suivant un angle droit est lui-même un angle droit.*

Soit, par exemple, l'angle BAC dont la projection sur le plan P, parallèle à AB, est l'angle droit *bac* (*fig.* 158). La droite *ab* étant perpendiculaire à la fois à A*a* et *ac* est perpendiculaire au plan de ces deux droites, c'est-à-dire au plan projetant AC ; donc elle est en particulier perpendiculaire à AC, qui est une droite de ce plan ; d'autre part, puisque AB est parallèle à sa projection *ab* (5, III), AB est également perpendiculaire à AC, autrement dit l'angle BAC est droit.

119. Réciproque II. — *Tout angle droit se projetant sur un plan suivant un angle droit a au moins l'un de ses côtés parallèle au plan de projection.*

Soit par exemple l'angle droit BAC, qui se projette sur le plan suivant l'angle droit *bac* (*fig.* 158). Supposons que AC ne soit pas parallèle au plan P. La droite *ac* étant perpendiculaire à la fois sur A*a* et sur *ab* est perpendiculaire au plan de ces deux droites, c'est-à-dire au plan projetant AB ; en particulier, elle est perpendiculaire à AB, qui est dans ce plan ; inversement la droite AB est perpendiculaire à *ac*, et comme elle est aussi, par hypothèse, perpendiculaire à AC, elle est perpendiculaire au plan CA*ac* qui contient ces deux droites ; or, ce plan étant le plan projetant AC est perpendiculaire au plan de projection P ; donc AB est nécessairement parallèle à P.

120. Corollaire. — *Les projections de deux droites perpendiculaires entre elles et ne se rencontrant pas, su.. un plan parallèle à l'une d'elles, sont deux droites perpendiculaires.*

En effet, soient AB et CD deux droites perpendiculaires de

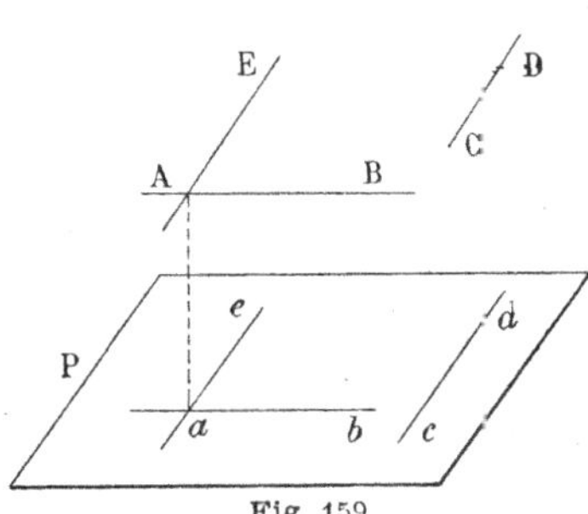
Fig. 159.

l'espace, qui ne se rencontrent pas, *ab* et *cd* leurs projections sur un plan P parallèle à AB (*fig.* 159). Par un point quelconque A pris sur AB menons la parallèle AE à CD, et soit *ae* sa projection sur le plan P. AB et AE sont perpendiculaires, autrement dit l'angle BAE est droit ; donc la projection *bae* de cet angle est aussi un angle droit (117), autrement dit, *ae* est perpendiculaire à *ab*. Mais, d'autre part, *cd* et *ae* sont parallèles comme projections de droites parallèles, donc *cd* est aussi perpendiculaire sur *ab*.

Ce corollaire admet également deux réciproques :

1° *Si les projections de deux droites de l'espace sur un plan parallèle à l'une d'elles sont perpendiculaires, ces droites sont elles-mêmes perpendiculaires.*

2° Si deux droites perpendiculaires dans l'espace se projettent sur un plan suivant deux droites également perpendiculaires, le plan de projection est parallèle au moins à l'une d'elles.

Ces réciproques sont des conséquences immédiates des réciproques du théorème démontré plus haut, et nous laissons aux lecteurs le soin de les établir.

121. Théorème. — *Les projections d'une droite perpendiculaire à un plan sont perpendiculaires aux traces de même nom de ce plan.*

Soit, par exemple, la droite $(ab, a'b')$, qui, par hypothèse,

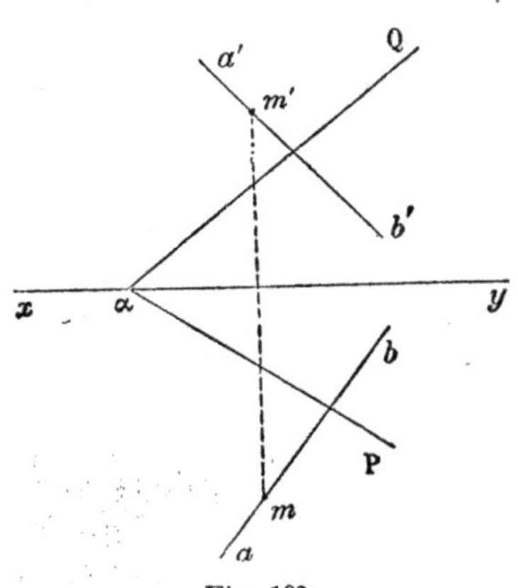

Fig. 160

est perpendiculaire au plan PαQ (*fig.* 160) ; par définition, cette droite est perpendiculaire à toute droite du plan PαQ et en particulier à sa trace horizontale Pα ; sa projection horizontale ab est donc, en vertu du corollaire précédent (120), perpendiculaire à la projection horizontale de Pα, c'est-à-dire à la droite Pα elle-même. On démontre de la même manière que $a'b'$ est perpendiculaire sur Qα.

Le théorème est en défaut lorsque la droite est perpendiculaire à l'un des plans de projection. En effet, par exemple, si la droite est verticale, sa projection horizontale se réduit à un point ; quant à la trace horizontale du plan, elle n'existe pas, puisque le plan est horizontal. Cependant la projection verticale de la droite est encore perpendiculaire à la trace verticale du plan, car ces droites sont l'une perpendiculaire, l'autre parallèle à xy.

122. Réciproque. — *Si dans une épure les projections d'une droite sont perpendiculaires aux traces de même nom d'un plan, la droite est perpendiculaire au plan.*

Supposons, par exemple, que les projections de la droite

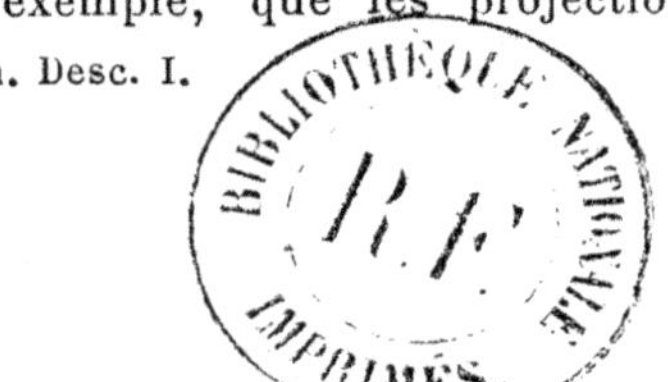

(ab, $a'b'$) soient perpendiculaires aux traces de même nom du plan
PαQ (*fig.* 160). La droite donnée et la trace horizontale Pα du
plan ont, par hypothèse, leurs projections horizontales ab et Pα
perpendiculaires, et comme l'une d'elles, Pα, est dans le plan
horizontal, il en résulte (118) que ces droites sont perpendiculaires ; de même la droite (ab, $a'b'$) est perpendiculaire à la trace
verticale Qα du plan donné ; donc, elle est perpendiculaire à ce
plan, puisqu'elle est perpendiculaire à ses traces, qui sont deux
droites non parallèles de ce plan.

La démonstration précédente est en défaut lorsque la droite est
de profil ; en effet, dans ce cas les deux traces du plan sont parallèles à la ligne de terre et la droite n'est plus nécessairement,
comme dans le cas général, perpendiculaire à deux directions
différentes du plan, ce qui est nécessaire pour qu'elle soit perpendiculaire à ce plan. D'ailleurs, il est bien évident *a priori* qu'une
droite de profil quelconque ne peut être perpendiculaire à *tous*
les plans parallèles à la ligne de terre, quoique les traces de *tous*
ces plans soient perpendiculaires aux projections de même nom
de la droite.

Remarque. — Puisque les horizontales d'un plan ont leurs projections horizontales parallèles à la trace horizontale de ce plan,
que, de même, les droites de front d'un plan ont leurs projections
verticales parallèles à sa trace verticale, le théorème que nous
venons de démontrer et sa réciproque rentrent dans l'énoncé suivant, plus général :

*Les conditions nécessaires et suffisantes pour qu'une droite
non perpendiculaire à la ligne de terre et un plan soient perpendiculaires sont :* 1° *que la projection horizontale de la droite
soit perpendiculaire à la projection horizontale des horizontales
du plan;* 2° *que la projection verticale de la droite soit perpendiculaire à la projection verticale des droites de front du
plan.*

123. Problème. — *Mener par un point une droite perpendiculaire à un plan donné et déterminer le pied de cette perpendiculaire.*

1° *Le plan est défini par ses traces.* Soit à mener par le point
(m, m') la perpendiculaire au plan PαQ (*fig.* 161).

En vertu du théorème démontré plus haut (121), on a immédiatement les projections de la perpendiculaire cherchée en
menant de m la perpendiculaire mn sur Pα et de m' la perpendi-

culaire $m'n'$ sur Qx. Pour obtenir le pied de cette perpendiculaire, c'est-à-dire le point où la droite $(mn, m'n')$ perce le plan donné, on détermine, par exemple, la droite d'intersection $(fg, f'g')$ du plan donné et du plan de bout $f'g'$ projetant verticalement la

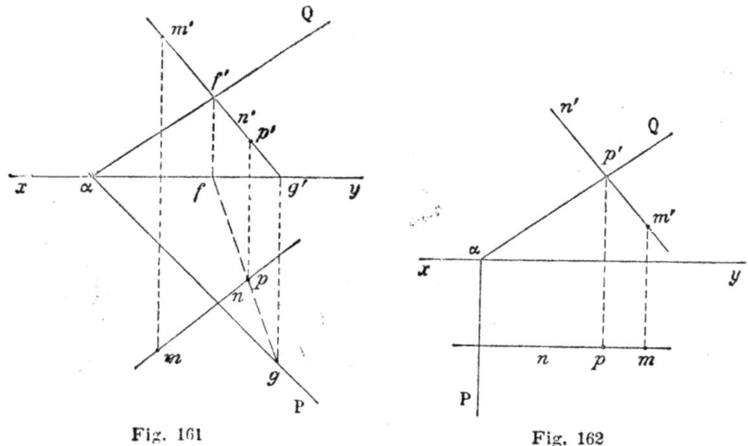

Fig. 161Fig. 162

perpendiculaire $(mn, m'n')$ (108); celle-ci rencontre $(fg, f'g')$ au point cherché (p, p').

Dans le cas où le plan donné PαQ est perpendiculaire au plan vertical (*fig.* 162), la perpendiculaire $(mn, m'n')$ menée à ce plan par le point (m, m') s'obtient encore de la même manière ; c'est, par conséquent, une droite de front, puisque, par construction, sa projection horizontale est parallèle à xy. Ce résultat pouvait d'ailleurs être prévu facilement. La détermination du pied (p, p') de cette perpendiculaire s'obtient alors immédiatement, ainsi que nous l'avons vu au n° 105. Des simplifications analogues se présentent quand le plan donné est vertical.

Puisque la perpendiculaire $(mn, m'n')$ au plan de bout PαQ est une droite de front, le segment MP, dont la longueur représente la distance du point donné (m, m') à ce plan de bout, se projette verticalement en vraie grandeur (5, III), c'est-à-dire que le segment $m'p'$ mesure la distance du point au plan.

Une remarque analogue s'applique lorsque le plan donné est vertical.

2° *Le plan est défini par deux droites.* Soit à mener par le point (m, m') la perpendiculaire au plan défini par les deux

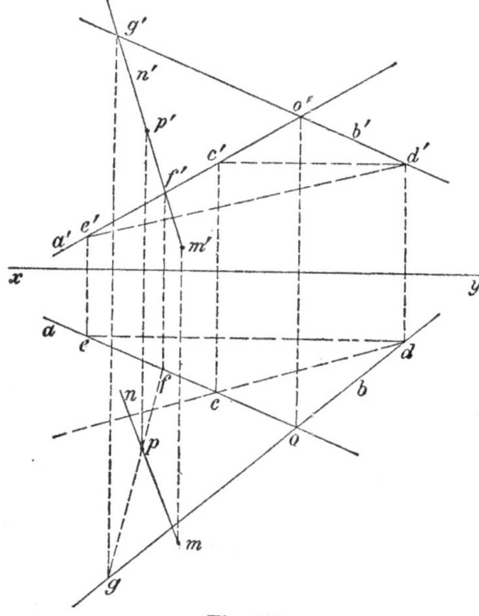

Fig. 163

droites concourantes $(oa, o'a')$ et $(ob, o'b')$ (*fig.* 163).

On commence par déterminer une horizontale $(cd, c'd')$ et une droite de front $(de, d'e')$ de ce plan, puis on abaisse de m la perpendiculaire mn sur cd et de m' la perpendiculaire $m'n'$ sur $d'e'$; la droite $(mn, m'n')$ est la perpendiculaire cherchée (122, Rem.).

Pour obtenir le pied de cette perpendiculaire, on détermine, comme dans le cas précédent, la droite d'intersection $(fg, f'g')$ du plan donné avec le plan de bout $f'g'$ projetant verticalement la perpendiculaire $(mn, m'n')$, et on marque le point (p, p') où cette perpendiculaire rencontre $(fg, f'g')$.

124. Problème. — *Mener par un point un plan perpendiculaire à une droite donnée, et déterminer le point de rencontre de ce plan et de la droite.*

C'est le problème inverse du précédent.

Soit à mener, par exemple, par le point (m, m') (*fig.* 164) le plan perpendiculaire à la droite $(ab, a'b')$. D'après la remarque du n° 122, on peut construire immédiatement l'horizontale $(mh, m'h')$ et la droite de front $(mf, m'f')$ du plan cherché, mh étant perpendiculaire sur ab et $m'f'$ perpendiculaire sur $a'b'$; ces droites déterminent le plan.

Si on demande de trouver les traces du plan, il suffit de construire, comme précédemment, la droite de front $(mf, m'f')$ de ce plan et de chercher sa trace horizontale f (*fig.* 165) ; la trace horizontale du plan est alors la perpendiculaire $P\alpha$ à ab menée par le point f (121), et sa trace verticale Qα est la parallèle à $m'f'$ menée par le point α où la trace horizontale rencontre xy.

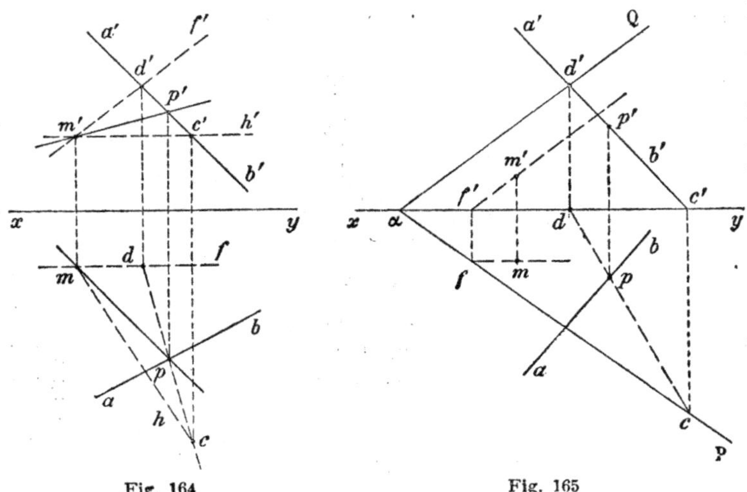

Fig. 164   Fig. 165

Dans l'un et l'autre cas, on obtient le point où le plan trouvé rencontre la droite donnée en utilisant par exemple le plan de bout $a'b'$ projetant verticalement cette droite. Ce plan coupe le plan perpendiculaire à $(ab, a'b')$ suivant la droite $(cd, c'd')$ qui rencontre $(ab, a'b')$ au point cherché (p, p').

Lorsque la droite donnée est parallèle à l'un des plans de projection, les constructions sont un peu plus simples. Soit, par exemple, à mener par le point (m, m') le plan perpendiculaire à l'horizontale $(ab, a'b')$ (*fig.* 166). D'abord le plan cherché est vertical; par suite, puisqu'il contient le point (m, m'), sa trace horizontale passe par le point m; comme d'autre part cette trace horizontale doit être perpendiculaire à la projection horizontale de la droite donnée (121), c'est la

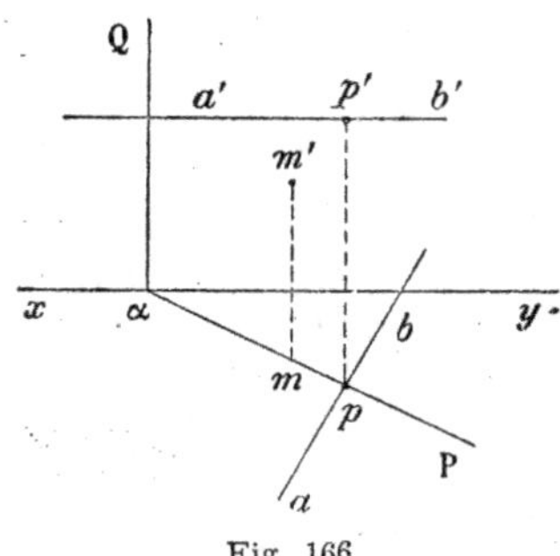

Fig. 166

perpendiculaire Pα menée par le point m à ab; elle détermine d'ailleurs le plan cherché (72, 3°).

On a immédiatement le point (p, p') où le plan vertical Pα rencontre la droite $(ab, a'b')$ (105).

125. Problème. — *Abaisser d'un point donné une perpendiculaire sur une droite donnée.*

On sait qu'on peut mener par un point M une infinité de perpendiculaires à une droite donnée AB, le lieu géométrique de ces perpendiculaires étant le plan Q mené par M perpendiculairement à AB. Parmi toutes ces perpendiculaires, il en est une seule rencontrant AB, la droite MP qui joint le point M au point P où le plan Q rencontre AB ; c'est cette perpendiculaire particulière que l'on veut désigner dans l'énoncé.

Dès lors, si $(ab, a'b')$ est la droite donnée, (m, m') le point donné (*fig.* 164), il suffit de déterminer comme nous l'avons indiqué (124) le point (p, p') où le plan mené par (m, m') perpendiculairement à la droite $(ab, a'b')$ rencontre cette droite ; $(mp, m'p')$ est la perpendiculaire cherchée.

126. Problème. — *Mener par une droite donnée un plan perpendiculaire à un plan donné.*

D'abord, si la droite et le plan donnés sont perpendiculaires l'un sur l'autre, un plan quelconque passant par la droite répond à la question ; il y aura une infinité de solutions.

Si la droite et le plan ne sont pas perpendiculaires entre eux, par un point quelconque pris sur la droite on abaisse la perpendiculaire sur le plan donné ; cette perpendiculaire et la droite donnée déterminent le plan cherché. Nous laissons au lecteur le soin de faire l'épure de ce problème.

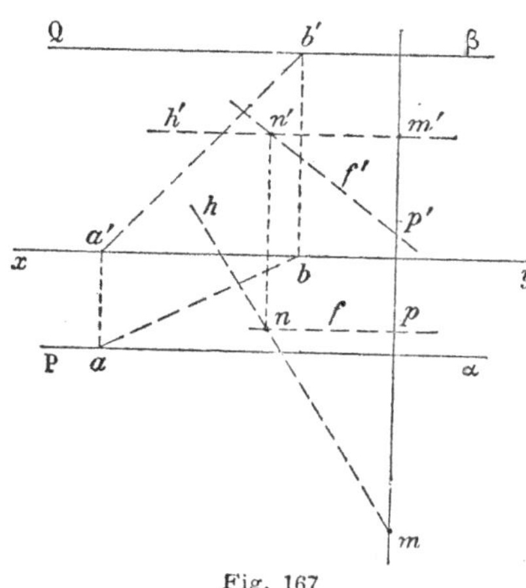

Fig. 167

127. Applications. — 1° *Abaisser d'un point donné une perpendiculaire sur un plan parallèle à la ligne de terre.*

Soit à mener par le point (m, m') la perpendiculaire au plan (Pα, Qβ) défini par ses traces parallèles à xy (*fig.* 167).

La méthode générale suivie au n° 123 n'est pas applicable dans ce cas particulier, car la perpendiculaire cherchée est une droite de profil. On peut alors déterminer cette perpendiculaire en la considérant comme l'intersection de deux plans passant par le point (m, m') et perpendiculaires au plan donné, par exemple le plan de profil mm' et le plan mené par (m, m') perpendiculairement à une droite quelconque $(ab, a'b')$ du plan $(P\alpha, Q\beta)$; or on peut construire immédiatement l'horizontale $(mh, m'h')$ de ce deuxième plan (mh perpendiculaire sur ab), puis, en prenant un point quelconque (n, n') sur cette horizontale, construire une droite de front $(nf, n'f')$ de ce même plan ($n'f'$ perpendiculaire sur $a'b'$); ces deux droites rencontrent respectivement le plan de profil mm' aux points (m, m') et (p, p'), de sorte que la perpendiculaire cherchée est $(mp, m'p')$.

2° *Mener par un point donné un plan perpendiculaire sur une droite de profil donnée.*

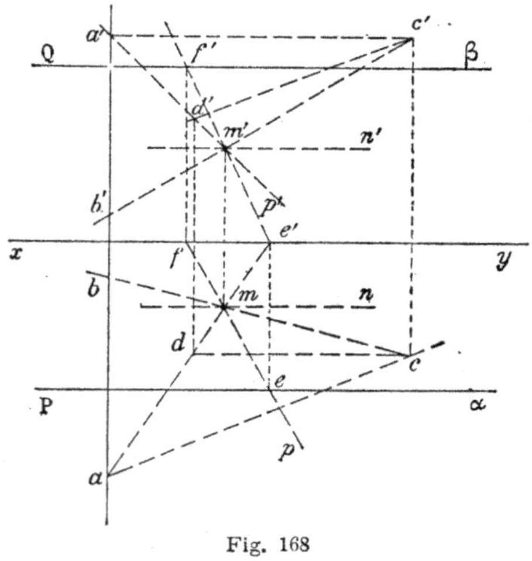

Soit à mener par le point (m, m') le plan perpendiculaire à la droite de profil $(ab, a'b')$ (*fig.* 168); le plan cherché est le lieu des perpendiculaires à la droite de profil menées par le point (m, m'); pour le définir il suffit donc de déterminer deux de ces perpendiculaires. On peut prendre, par exemple, la parallèle $(mn, m'n')$ à xy menée par le point (m, m'),

Fig. 168

puis la perpendiculaire élevée en ce même point au plan qu'il détermine avec la droite de profil donnée, plan qui est encore défini par les droites $(ma, m'a')$, $(mb, m'b')$; on construit d'abord une horizontale $(ac, a'c')$ et une droite de front $(cd, c'd')$ de ce plan, et en menant mp perpendiculaire à ac, $m'p'$ perpendiculaire à $c'd'$ on a les projections de la perpendiculaire cherchée. Le plan demandé est défini par les droites

(mn, $m'n'$) et (mp, $m'p'$); en déterminant les traces e et f' de la droite (mp, $m'p'$) et en menant par ces points les parallèles Pα et Qβ à xy, on a les traces de ce plan.

§ II.

Perpendiculaire commune à deux droites.

128. Problème. — *Construire les projections de la perpendiculaire commune à deux droites données non situées dans un même plan.*

Solution géométrique. — La perpendiculaire commune à deux droites de l'espace AB et CD est une droite rencontrant les deux

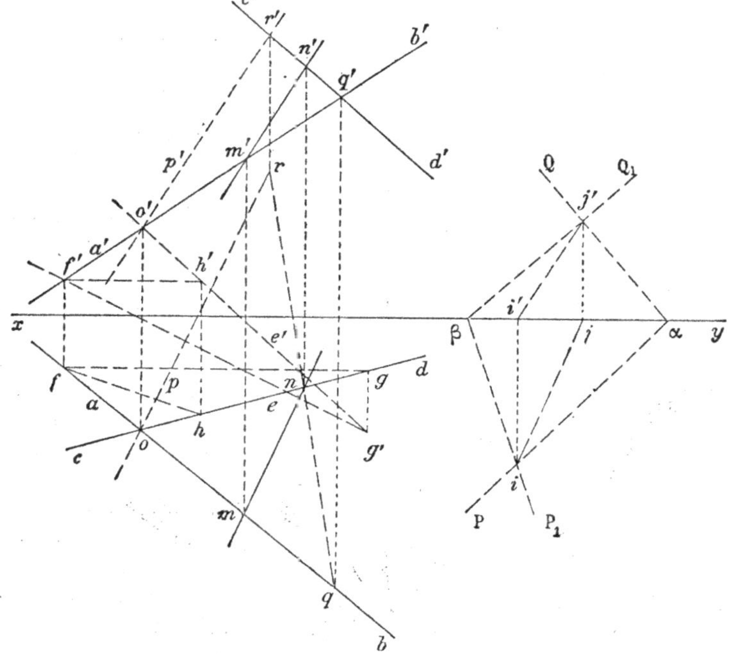

Fig. 169

premières à angle droit; sa direction est donc celle d'une perpendiculaire à un plan parallèle aux deux droites données, ou encore celle de la droite d'intersection de deux plans respectivement perpendiculaires à ces deux droites.

Lorsqu'on connaît la *direction* de la perpendiculaire commune, il ne reste plus qu'à trouver une droite parallèle à cette direction, rencontrant les deux droites données, problème traité au n° 116.

Solution graphique. — Soit à construire la perpendiculaire commune aux deux droites $(ab, a'b')$ et $(cd, c'd')$ (*fig.* 169). Nous suivrons pas à pas la solution géométrique précédente; nous déterminerons d'abord la direction de la perpendiculaire commune, puis nous la construirons en position.

1° *Direction de la perpendiculaire commune.*

PREMIÈRE MÉTHODE. Par un point (o, o') pris sur $(ab, a'b')$ menons la parallèle $(oe, o'e')$ à $(cd, c'd')$; le plan déterminé par les droites $(ab, a'b')$ et $(oe, o'e')$ passe par la première droite donnée et est parallèle à la seconde. En construisant une horizontale $(fh, f'h')$ et une frontale $(fg, f'g')$ de ce plan, et en menant op perpendiculaire à fh, $o'p'$ perpendiculaire à $f'g'$, on obtient une droite $(op, o'p')$ perpendiculaire au plan, et qui définit par suite la direction de la perpendiculaire commune.

DEUXIÈME MÉTHODE. Par un point α pris sur xy, menons αP perpendiculaire à ab et αQ perpendiculaire à $a'b'$; le plan ayant pour traces αP et αQ est perpendiculaire à la droite $(ab, a'b')$. De même, en menant par un autre point β de xy les perpendiculaires βP_1 et βQ_1 aux droites cd et $c'd'$, on a les traces d'un plan perpendiculaire à $(cd, c'd')$. L'intersection $(ij, i'j')$ de ces deux plans définit la direction de la perpendiculaire commune.

2° *Position de la perpendiculaire commune.*

On est ramené, comme nous l'avons fait remarquer plus haut, à construire une droite parallèle à $(op, o'p')$ [ou à $(ij, i'j')$] et s'appuyant sur les droites $(ab, a'b')$ et $(cd, c'd')$. Dans notre épure, les droites $(ab, a'b')$ et $(op, o'p')$ se rencontrent au point (o, o'), de sorte qu'en appliquant les constructions indiquées au n° 116, on est conduit tout naturellement à chercher le point où le plan défini par ces deux droites rencontre la droite $(cd, c'd')$; pour cela, on prend, par exemple, pour plan auxiliaire le plan de bout $c'd'$ projetant verticalement $(cd, c'd')$, qui coupe $(ab, a'b')$ au point (q, q') et $(op, o'p')$ au point (r, r'); qr rencontre cd au point n qu'on rappelle en n' sur $c'd'$; (n, n') est le point cherché. La parallèle $(nm, n'm')$ à $(op, o'p')$ menée par le point (n, n') est la perpendiculaire commune demandée; on vérifie que ses projections rencontrent les projections de même nom de la droite $(ab, a'b')$ en deux point m et m' situés sur une même ligne de rappel.

129. Cas particuliers. — Lorsque les deux droites données présentent des particularités telles que la direction de la perpendiculaire commune soit connue *a priori*, les constructions précédentes se trouvent notablement simplifiées.

130. Exemple I. — *L'une des droites est perpendiculaire à l'un des plans de projection.*

Soit par exemple à déterminer la perpendiculaire commune à

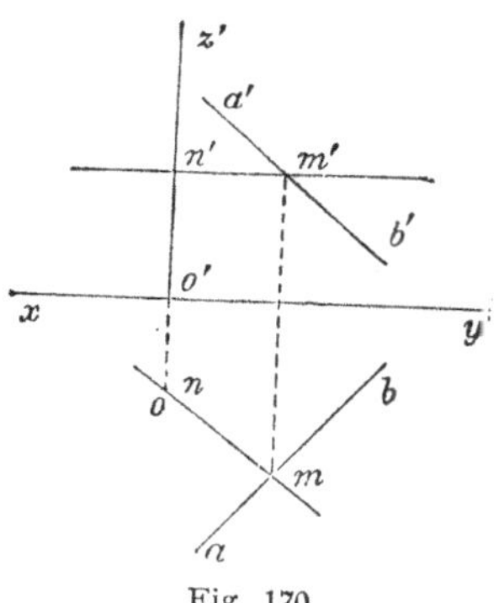

Fig. 170

la verticale $(o, o'z')$ et à la droite $(ab, a'b')$ (*fig.* 170). La droite cherchée devant être perpendiculaire à la verticale $(o, o'z')$ et la rencontrer, est une horizontale dont la projection horizontale passe par le point o, trace de la verticale donnée ; de plus, cette horizontale forme avec $(ab, a'b')$ un angle droit qui se projette horizontalement suivant un angle droit (117). D'où on conclut que la projection horizontale de la perpendiculaire commune est la perpendiculaire om abaissée de o sur ab ; quant à sa projection verticale, on l'obtient en relevant en m', sur $a'b'$, le point m où om rencontre ab, et en menant par m' la parallèle $m'n'$ à xy.

REMARQUE. — La perpendiculaire commune $(mn, m'n')$ aux deux droites précédentes étant horizontale et rencontrant ces droites aux points (m, m'), (n, n'), leur plus courte distance se projette horizontalement en vraie grandeur (5, III) et est mesurée par le segment mn.

131. Exemple II. — *Les deux droites sont parallèles à l'un des plans de projection.*

Soit par exemple à déterminer la perpendiculaire commune aux deux horizontales $(ab, a'b')$ et $(cd, c'd')$ (*fig.* 171). Tous les plans parallèles aux deux droites étant horizontaux, la perpendiculaire commune cherchée est verticale (128), et comme

elle doit rencontrer les deux droites données, sa trace horizontale
est nécessairement le point o où se rencontrent leurs projections horizontales ab et cd ; quant à sa projection verticale $o'z'$, elle est dirigée suivant la ligne de rappel du point o.

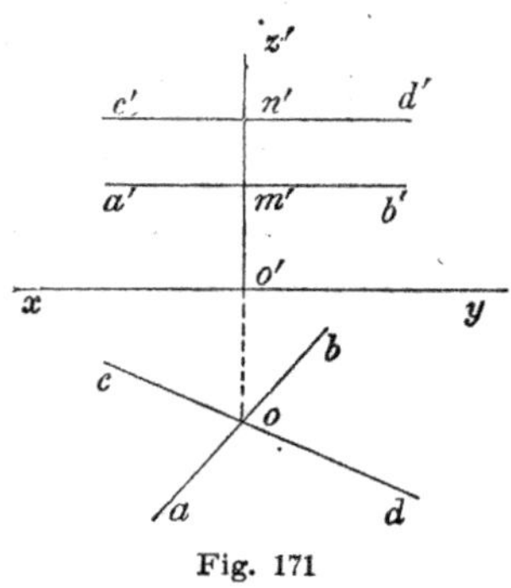
Fig. 171

REMARQUE. — La perpendiculaire commune aux deux droites étant verticale, leur plus courte distance se projette verticalement en vraie grandeur et est mesurée par le segment $m'n'$ intercepté sur $o'z'$ par $a'b'$ et $c'd'$.

132. Exemple III. — *Les projections horizontales des deux droites sont parallèles.*

Soit par exemple à déterminer la perpendiculaire commune aux deux droites $(ab, a'b')$ et $(cd, c'd')$, ab et cd étant parallèles (*fig.* 172). On connaît immédiatement la direction des plans parallèles à ces droites, c'est celle des plans qui les projettent horizontalement ; il en résulte (128) que la perpendiculaire commune cherchée est une horizontale dont la projection horizontale est perpendiculaire à la direction commune de ab et cd. Pour la construire en position, on applique alors la méthode générale (116) ; par un point quelconque (p, p') pris sur $(ab, a'b')$ on

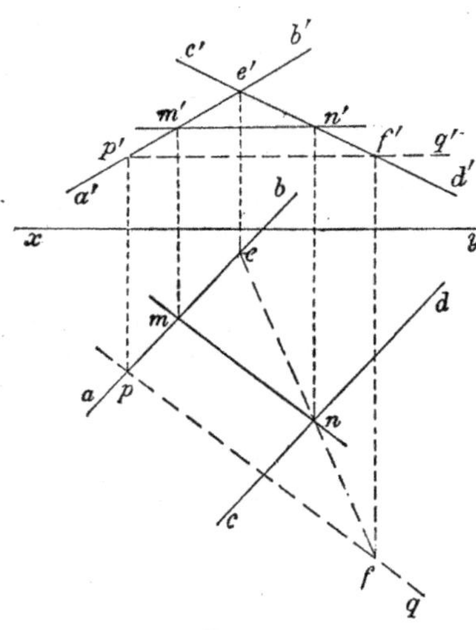
Fig. 172

mène l'horizontale $(pq, p'q')$ parallèle à la perpendiculaire commune cherchée, puis en utilisant comme plan auxiliaire le plan de bout $c'd'$ projetant verticalement $(cd, c'd')$ on cherche le point (n, n') où cette dernière droite rencontre le plan déterminé par $(ab, a'b')$ et $(cd, c'd')$; la projection horizontale de la perpendiculaire commune est alors nm perpendiculaire à ab, et sa projection verticale $n'm'$, parallèle à xy; on vérifie que ces projections rencontrent les projections de même nom de la droite $(ab, a'b')$ en deux points m et m' situés sur une même ligne de rappel.

On procède de la même manière lorsque les projections verticales des deux droites données sont parallèles entre elles.

REMARQUE. — La perpendiculaire commune aux deux droites étant horizontale, leur plus courte distance se projette encore horizontalement en vraie grandeur et est mesurée par le segment mn; c'est la distance des projections parallèles des deux droites données.

133. Exemple IV. — *L'une des droites est horizontale, l'autre est de front.*

Soit par exemple à déterminer la perpendiculaire commune à l'horizontale $(ab, a'b')$ et à la droite de front $(cd, c'd')$ (*fig.* 173).

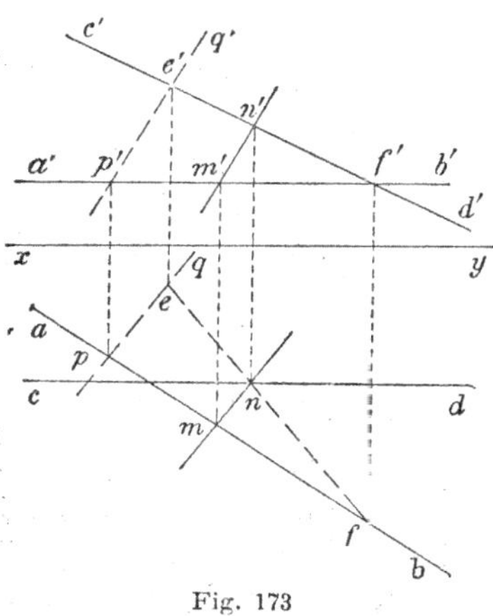

Fig. 173

La droite cherchée faisant un angle droit avec chacune des droites données, sa projection horizontale est perpendiculaire à ab et sa projection verticale perpendiculaire à $c'd'$ (117), de sorte que l'on connaît sa direction. Pour déterminer la perpendiculaire commune en position, on applique encore la méthode générale; par un point (p, p') de la droite $(ab, a'b')$, on mène la droite $(pq, p'q')$ dont les projections horizontale et verticale sont respectivement perpendiculaires à ab et $c'd'$, et on détermine le point (n, n') où le plan défini par les droites $(ab, a'b')$ et $(pq, p'q')$ rencontre la droite $(cd, c'd')$; en menant ensuite nm perpendiculaire à ab et $n'm'$ perpendiculaire à $c'd'$, on a la perpendiculaire commune cherchée $(mn, m'n')$; on vérifie que ses projections rencontrent les projections de même nom de la droite $(ab, a'b')$ en deux points m et m' situés sur une même ligne de rappel.

§ III.

Lignes de pente d'un plan.

134. Définitions. — Étant donnés deux plans P et Q qui se coupent (*fig.* 174), on appelle *lignes de plus grande pente,* ou simplement *lignes de pente* du plan P par rapport au plan Q les droites MN, M′N′ du plan P qui sont perpendiculaires à la droite d'intersection AB des deux plans. De cette définition il résulte que toutes les lignes de pente d'un plan P par rapport au plan Q sont parallèles entre elles.

La dénomination de *lignes de plus grande pente* donnée aux droites MN, M′N′,... provient de ce que ces droites sont, parmi toutes les droites du plan P, celles qui font le plus grand angle avec le plan Q.

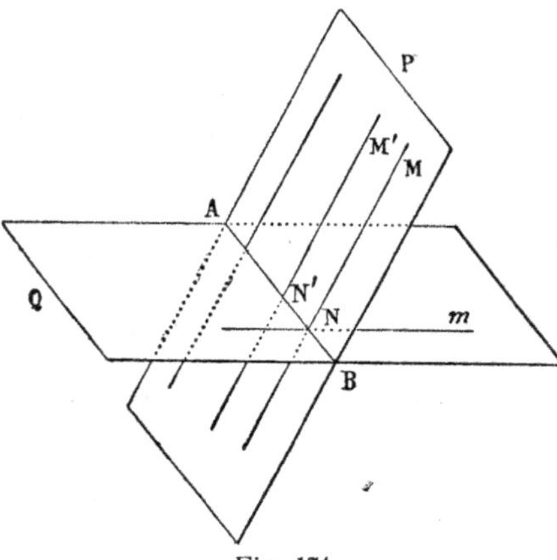

Fig. 174

Soit MN une des lignes de pente du plan P par rapport au plan Q (*fig.* 174) ; au point N où elle rencontre AB élevons la perpendiculaire N*m* à AB dans le plan Q ; par définition, les angles formés par les droites MN et *m*N mesurent les angles dièdres formés par les plans P et Q. Or, *m*N est évidemment la projection orthogonale de MN sur le plan Q, par suite (46) l'angle aigu (ou droit) de MN avec *m*N est l'angle que fait MN avec le plan Q.

On en conclut que *les angles dièdres aigus (ou droits) formés par deux plans P et Q sont mesurés par l'angle que forme avec l'un d'eux une ligne de pente de l'autre par rapport au premier.*

Des définitions précédentes, il résulte immédiatement que :

Les lignes de pente d'un plan P *relatives au plan horizontal sont les droites du plan* P *perpendiculaires aux horizontales de ce plan, et en particulier à sa trace horizontale;* de même,

Les lignes de pente d'un plan P *relatives au plan vertical sont les droites du plan* P *perpendiculaires aux droites de front de ce plan, et en particulier à sa trace verticale.*

135. Problème. — *Étant donné un plan déterminé par ses traces ou par deux droites quelconques, construire les projections d'une ligne de pente relative à l'un des plans de projection.*

1° Soit d'abord le plan PαQ défini par ses traces (*fig.* 175).

Toute ligne de pente de ce plan relative au plan horizontal

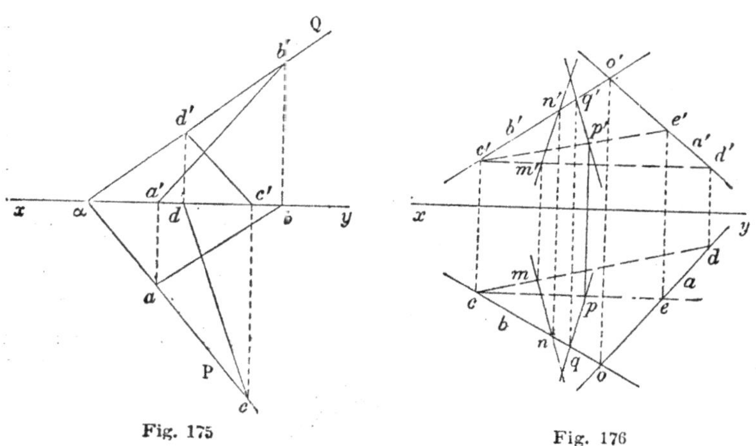

Fig. 175   Fig. 176

étant par définition perpendiculaire à la trace horizontale Pα, forme avec cette trace un angle droit qui se projette horizontalement suivant un autre angle droit (117); par conséquent elle a pour projection horizontale une droite *ab* perpendiculaire à Pα; pour obtenir ensuite sa projection verticale *a'b'* on est ramené à chercher la projection verticale d'une droite d'un plan donné, connaissant sa projection horizontale, problème traité précédemment (61).

De même, les lignes de pente du plan PαQ relatives au plan vertical sont les droites de ce plan dont les projections verticales sont perpendiculaires à αQ; telle est la droite (*cd, c'd'*).

2° Supposons maintenant le plan défini par les droites concourantes $(oa, o'a')$, $(ob, o'b')$ (*fig.* 176), et déterminons immédiatement une horizontale $(cd, c'd')$ et une droite de front $(ce, c'e')$ de ce plan. Les lignes de pente du plan donné qui sont relatives au plan horizontal forment avec l'horizontale $(cd, c'd')$ des angles droits se projetant horizontalement suivant des angles droits (117). Par conséquent, en traçant dans l'épure une droite quelconque mn perpendiculaire à cd, on a la projection horizontale d'une de ces lignes de pente ; pour obtenir sa projection verticale, on est ramené au problème du n° 51. La droite mn rencontre ob en n, qu'on relève en n' sur $o'b'$; elle rencontre cd en m, qu'on relève en m' sur $c'd'$; $m'n'$ est la projection verticale de la ligne de pente.

On obtient de la même manière les projections d'une ligne de pente $(pq, p'q')$ relative au plan vertical [$p'q'$ perpendiculaire sur la projection verticale $c'e'$ de la droite de front $(ce, c'e')$].

136. Cas particuliers. — Dans un plan horizontal, il n'y a pas à proprement parler de lignes de pente relatives au plan horizontal, ou, plus exactement toutes les droites du plan peuvent être considérées comme telles. Quant aux lignes de pente relatives au plan vertical, ce sont des droites de bout.

De même, dans un plan de front, toutes les droites du plan peuvent être considérées comme lignes de pente relativement au plan vertical et les lignes de pente relatives au plan horizontal sont des verticales.

Dans un plan de bout, les horizontales étant des droites de bout, les lignes de pente relatives au plan horizontal sont les droites de front du plan ; en particulier la trace verticale du plan est une ligne de pente relative au plan horizontal. Quant aux lignes de pente relatives au plan vertical, ce sont des droites de bout.

De même, dans un plan vertical, les lignes de pente relatives au plan horizontal sont des verticales ; les horizontales du plan, et en particulier la trace horizontale sont les lignes de pente relatives au plan vertical.

Dans les plans parallèles à la ligne de terre ou contenant cette droite, les horizontales et les lignes de front sont les droites du plan parallèles à la ligne de terre ; par suite les lignes de pente relatives aux deux plans de projection sont les droites de profil du plan.

Tous ces résultats sont évidents, et nous nous bornons à les énoncer.

137. Théorème. — *Une ligne de pente relative à l'un ou à l'autre des plans de projection suffit pour déterminer un plan.*

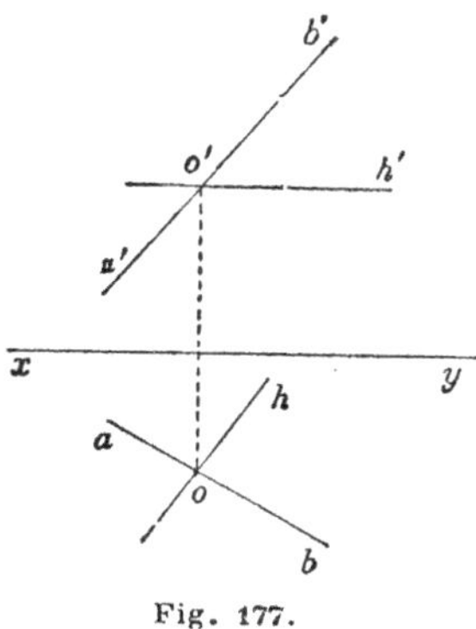

Fig. 177.

En effet, si un plan admet comme ligne de pente relative au plan horizontal la droite $(ab, a'b')$, les horizontales de ce plan sont, par définition, perpendiculaires à la droite donnée, et on peut construire immédiatement l'horizontale $(oh, o'h')$ du plan passant par un point (o, o') pris arbitrairement sur la droite $(ab, a'b')$; il suffit pour cela de mener oh perpendiculaire à ab et $o'h'$ parallèle à xy. Le plan est alors défini par les droites $(ab, a'b')$ et $(oh, o'h')$.

138. Angles d'un plan avec le plan horizontal. Pente d'un plan. — D'après ce que nous avons dit précédemment (134), l'angle aigu (ou droit) θ que forme un plan quelconque avec un plan horizontal est l'angle formé avec les plans horizontaux par une ligne de pente du plan donné relative au plan horizontal.

On appelle *pente* d'un plan la tangente trigonométrique de l'angle aigu formé par ce plan avec les plans horizontaux. Par suite, en se reportant à la définition de la pente d'une droite (47) on en conclut que la pente d'un plan n'est pas autre chose que la pente d'une de ses lignes de pente relatives au plan horizontal.

139. Problème. — *Déterminer l'angle aigu formé par un plan donné avec les plans horizontaux.*

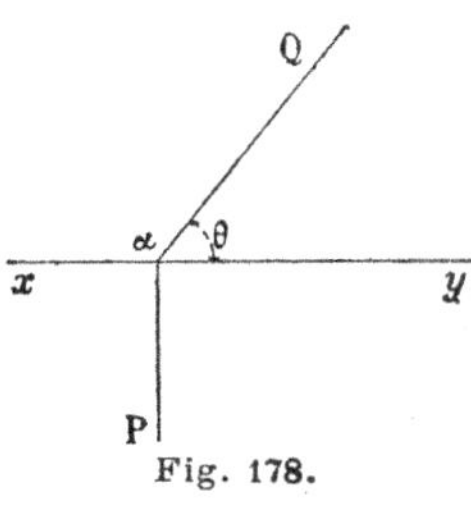

Fig. 178.

1° LE PLAN DONNÉ EST UN PLAN DE BOUT. — Soit PαQ ce plan (*fig.* 178). Nous savons (136) que sa trace verticale αQ est une ligne de pente relative au plan horizontal ; la projection horizontale de αQ étant xy, l'angle θ que fait le plan donné avec le plan horizontal est donc mesuré par l'angle aigu de αQ avec xy (46).

2° LE PLAN DONNÉ EST QUELCONQUE. — Soient P le plan donné, H le plan horizontal de projection, H′ un plan horizontal quelconque coupant P suivant la droite AB, qui est par conséquent une horizontale du plan P (*fig.* 179).

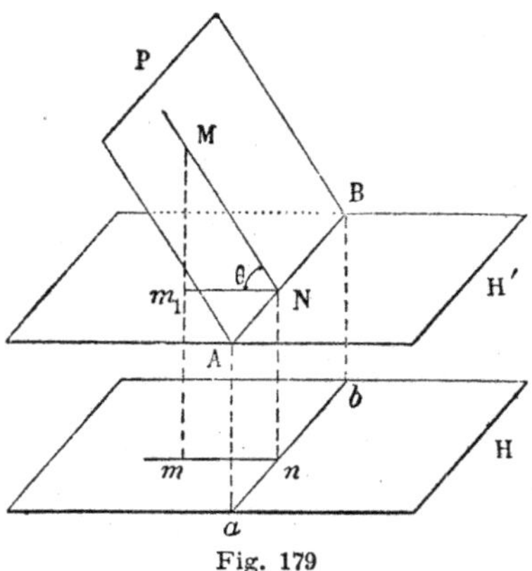

Fig. 179

Prenons un point quelconque M dans le plan P et soient m la projection horizontale de ce point, m_1 le point où la projétante Mm perce le plan H′. La perpendiculaire MN abaissée du point M sur AB est une ligne de pente du plan P relative au plan horizontal ; soit N le pied de cette perpendiculaire, le point N se projette horizontalement en n sur la projection horizontale ab de l'horizontale AB, et les droites mn, m_1N, qui sont respectivement perpendiculaires à ab et AB, sont les projections de la ligne de pente MN sur les plans horizontaux H et H′ ; il en résulte que l'angle aigu MNm_1, que nous désignons par θ, est l'angle de la ligne de pente MN avec les plans horizontaux, et par suite mesure les dièdres aigus formés par le plan P avec les plans horizontaux. Comme $mn = m_1$N et que Mm_1 mesure la distance des projections verticales du point M et de l'horizontale AB, on en conclut la règle suivante :

Étant donnés, dans un plan P, une horizontale AB et un point **M** *en dehors de cette horizontale, si on construit un triangle rectangle dont les côtés de l'angle droit sont égaux, le premier à la distance des projections horizontales du point et de l'horizontale donnée, le second à la distance de leurs projections verticales, l'angle opposé dans le triangle à ce dernier côté, mesure les dièdres aigus formés par le plan P avec les plans horizontaux.*

Il est évident que tout le raisonnement précédent suppose que le plan P n'est pas vertical.

Soit alors, par exemple, un plan PαQ défini par ses traces (*fig.* 180). Prenons un point (b, b') sur la trace verticale et abaissons du point b la perpendiculaire ba sur la trace horizontale αP du plan ; ba est la distance de la projection horizontale du point (b, b') à la projection horizontale de la trace Pα, et bb' est la distance de la projection verticale du point à xy, projection verticale de Pα.

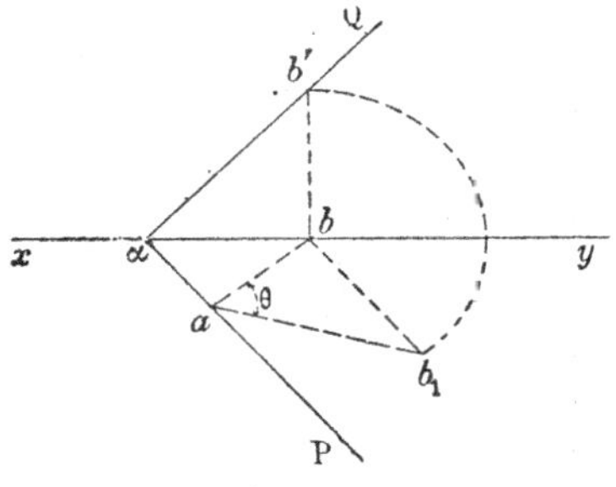

Fig. 180

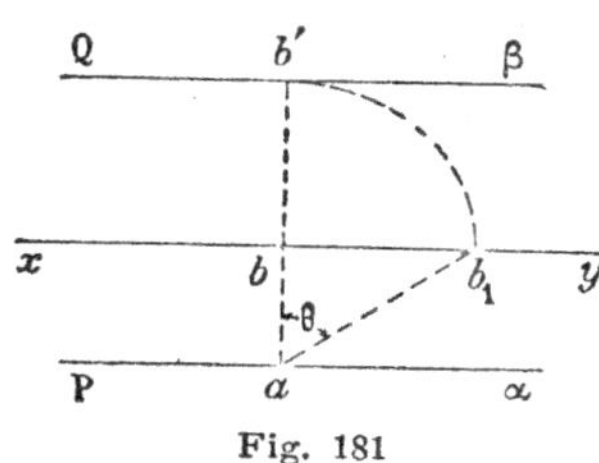

Fig. 181

Donc, si par le point b on mène la parallèle bb_1 à αP et qu'on prenne sur cette parallèle une longueur $bb_1 = bb'$, dans le triangle rectangle abb_1, l'angle bab_1, que nous désignons par θ, mesure l'angle aigu formé par le plan donné avec le plan horizontal. Pratiquement, après avoir mené la parallèle bb_1 à αP, on décrit un arc de cercle ayant pour centre le point b, avec une ouverture de compas égale à bb' et on détermine le point b_1 par l'intersection de cet arc de cercle et de la droite bb_1.

La figure 181 montre que l'épure est légèrement simplifiée lorsque le plan est parallèle à la ligne de terre.

Supposons maintenant que le plan soit défini par deux droites concourantes $(oa, o'a')$ et $(ob, o'b')$ (*fig.* 182). Construisons d'abord une horizontale $(cd, c'd')$ de ce plan et abaissons du point o la perpendiculaire oi sur la projection horizontale de cette horizontale ; si on désigne par o'_1 le point où la ligne de rappel oo' rencontre $c'd'$, il est évident que le segment $o'o'_1$ mesure la différence des cotes du point (o, o') et de l'horizontale $(cd, c'd')$. Donc, si par le point o on mène la parallèle oo_1 à cd et que l'on prenne sur cette parallèle une longueur $oo_1 = o'o'_1$, l'angle en i dans le triangle rectangle o_1io mesure le dièdre aigu formé par le plan donné avec le plan horizontal.

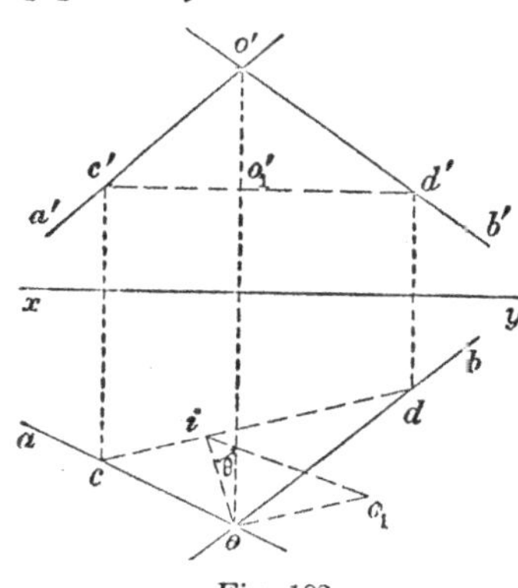

Fig. 182

formé par le plan donné avec le plan horizontal.

140. Angles d'un plan avec le plan vertical. — Il y a évidemment analogie complète entre la méthode que nous venons d'exposer pour déterminer l'angle d'un plan avec le plan horizontal et celle qui permet de déterminer l'angle d'un plan avec le plan vertical de projection ou un plan de front quelconque : il suffit en effet, de remplacer dans ce qui précède les mots *projection* ou *trace horizontale* par *projection* ou *trace verticale* et le mot *horizontale* par *droite de front*. Au surplus, nous laissons au lecteur le soin de faire lui-même les épures relatives à ce problème.

EXERCICES

1. Mener par un point donné un plan vertical ou un plan de bout perpendiculaire à un plan donné.

2. Mener par un point donné une perpendiculaire à deux droites données et ne les rencontrant pas.

3. Mener par un point une droite perpendiculaire à une droite donnée (et ne la rencontrant pas) et s'appuyant sur une autre droite donnée.

4. Etant donnée la projection horizontale d'une droite perpendiculaire à une droite donnée et la rencontrant, trouver sa projection verticale.

5. Déterminer le point d'une droite donnée équidistant de deux points donnés.

6. Construire les projections du lieu des points équidistants de trois points donnés.

7. Construire les projections des arêtes d'un trièdre trirectangle connaissant les projections d'un point pris sur chacune d'elles.

8. Construire les projections de la perpendiculaire commune à une droite quelconque et à une droite de profil.

9. Construire les projections de la perpendiculaire commune à la ligne de terre et à une droite de profil.

10. Connaissant les projections de la perpendiculaire commune à deux droites et l'une des projections de chacune de ces droites, trouver les deux autres projections.

11. Connaissant les projections d'une ligne de pente d'un plan, et l'une des projections d'un point de ce plan, trouver l'autre.

12. Construire les projections de la droite d'intersection de deux plans, définis chacun par une ligne de pente relative au plan horizontal.

DEUXIÈME PARTIE

GÉOMÉTRIE COTÉE

CHAPITRE I

LE POINT ET LA LIGNE DROITE

---

§ I.

Le point.

141. Nous avons vu qu'en géométrie cotée on n'emploie qu'un seul plan de projection (10). Ce plan, qui est toujours horizontal, se nomme le *plan de comparaison*.

Un point A de l'espace est alors défini par sa *projection a* sur le plan de comparaison, et sa *cote*, qui est le nombre mesurant la distance du point au plan de comparaison (*fig.* 183). Les cotes des points situés au-dessus du plan de comparaison sont positives, celles des points situés au-dessous sont négatives. Généralement, on suppose le plan de comparaison suffisamment bas pour que tous les points d'une même figure aient des cotes positives.

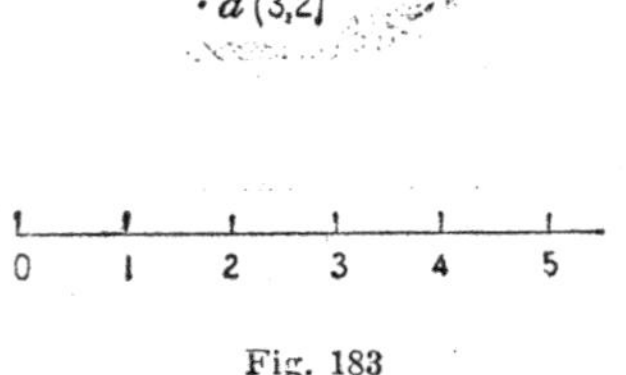

Fig. 183

La cote d'un point s'écrit, dans l'épure, entre parenthèses, près de la lettre désignant sa projection. Ainsi le point $a(3,2)$ (*fig.* 183) représente le point A de l'espace, situé sur la verticale qui perce le plan de comparaison au point a, à une distance de ce plan égale à 3,2.

Pour que ce point soit complètement défini il faut se donner l'unité de longueur avec laquelle on mesure sa cote. Aussi, toute épure de géométrie cotée est accompagnée d'une échelle graphique, que l'on figure généralement au bas du dessin, sur laquelle sont comptées les cotes de tous les points.

On nomme points à *cote ronde* ceux dont la cote est mesurée par un nombre entier.

Les points du plan de comparaison ont une *cote nulle* ; ils coïncident avec leur projection.

142. Passage de la méthode des plans cotés à celle des deux plans de projection. — Soit $a(3,2)$ l'épure d'un point en géométrie cotée (*fig.* 184). Imaginons un système de deux plans de projection dans lequel le plan de comparaison serait pris comme plan horizontal, la ligne de terre étant une droite xy arbitrairement tracée dans l'épure. La projection horizontale du point est a, et pour avoir sa projection verticale, il suffit de porter sur la perpendiculaire menée à xy par a, et au-dessus de xy, une longueur $\alpha a'$ égale à 3 unités 2 dixièmes de l'échelle du dessin.

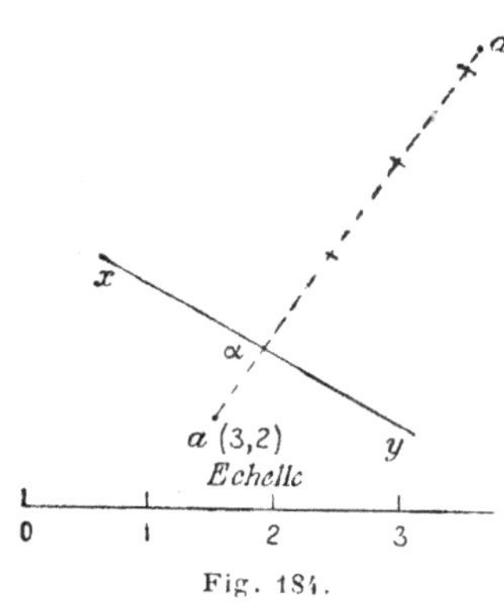

Fig. 184.

Inversement, étant donné un point (a, a') dans le système de deux plans de projection défini par la ligne de terre xy, pour avoir sa représentation en géométrie cotée, lorsqu'on prend le plan horizontal comme plan de comparaison, il suffit de mesurer, à l'échelle du dessin, la distance $a'\alpha$ de sa projection verticale à xy, d'inscrire le nombre obtenu à côté de la projection horizontale, et de supprimer la projection verticale.

§ II.

La ligne droite.

143. On a vu que la projection d'une droite sur un plan est en général la droite joignant les projections de deux de ses points

(5, II) ; il en résulte qu'une droite sera définie, en géométrie cotée, par les projections cotées de deux de ses points ; ainsi $a(3,2)$ $b(7,8)$ (*fig.* 185) est l'épure de la droite qui joint les points a (3,2) et $b(7,8)$.

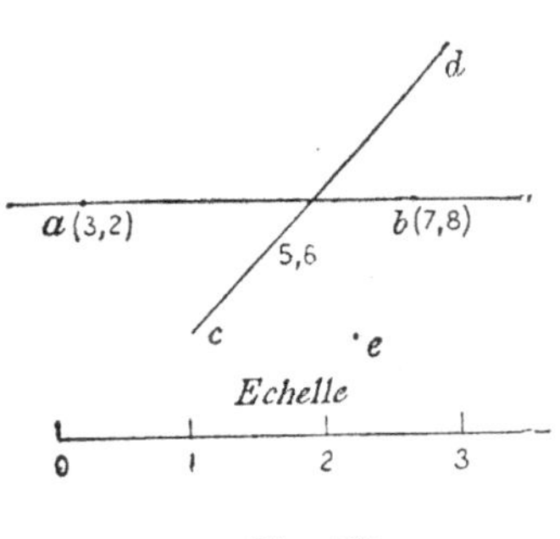

Fig. 185.

Horizontale. — Une horizontale étant une droite dont tous les points ont même cote, il suffit pour la représenter, de figurer sa projection horizontale cd (*fig.* 185) et d'inscrire à côté la cote commune à tous les points de la droite (5,6 dans notre épure).

Verticale. — Une verticale est simplement définie par sa trace e sur le plan de comparaison (*fig.* 185).

144. Passage de la représentation d'une droite en géométrie cotée à sa représentation dans un système de deux plans de projection. — Soit $a(3,2)$ $b(5,8)$ l'épure d'une droite en géométrie cotée. Imaginons un système de deux plans de projection

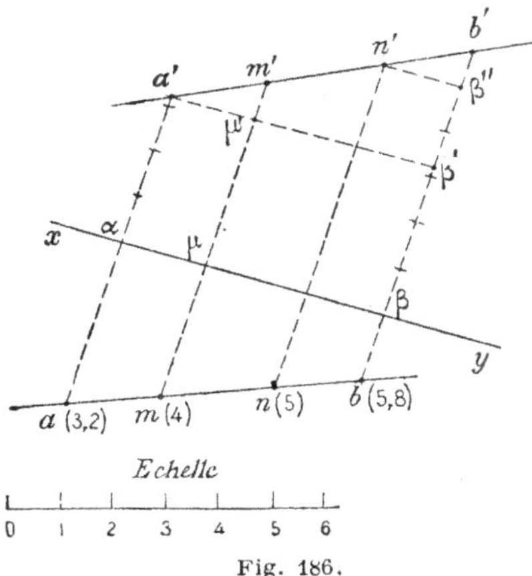

Fig. 186.

dans lequel le plan de comparaison est pris comme plan horizontal, la ligne de terre étant une droite arbitrairement tracée dans l'épure. La projection horizontale de la droite reste ab, et sa projection verticale s'obtient en joignant les projections verticales a' et b' des points A et B obtenues comme nous l'avons montré précédemment (142).

Inversement, étant donnée une droite (ab, $a'b'$) dans un système de deux plans de projection défini par la ligne de terre xy, pour avoir sa représentation en géométrie cotée, en prenant le plan horizontal comme plan de comparaison, on mesure, à l'échelle du dessin, les

cotes $a'\alpha$ et $b'\beta$ de deux points (a, a') et (b, b') de la droite, on inscrit les nombres trouvés à côté des projections horizontales de ces points et on supprime la projection verticale, ainsi que la ligne de terre.

145. Problème. — *Une droite étant définie par les projections cotées de deux de ses points, trouver la cote d'un point de cette droite connaissant sa projection horizontale.*

Soit par exemple à trouver la cote du point de la droite $a(3,2)$ $b(5,8)$ projeté en m (*fig.* 186).

MÉTHODE GRAPHIQUE. — On cherche d'abord, comme nous venons de le montrer, la projection verticale $a'b'$ de la droite, dans un système de deux plans de projection défini par une ligne de terre quelconque xy, puis en menant la ligne de rappel du point m, on détermine la projection verticale m' du point de la droite projeté horizontalement en m ; en mesurant ensuite à l'échelle du dessin la distance $\mu m'$ du point m' à la ligne de terre, on obtient la cote cherchée. Cette cote est affectée du signe $+$ si le point m' est au-dessus de xy, du signe $-$ dans le cas contraire.

MÉTHODE PAR LE CALCUL. — Par le point a' menons la parallèle à xy et soient μ' et β' les points où cette droite rencontre les lignes de rappel des points (m, m') et (b, b'). Les triangles semblables $a'm'\mu'$ et $a'b'\beta'$ donnent

$$\frac{\mu'm'}{\beta'b'} = \frac{a'\mu'}{a'\beta'} = \frac{am}{ab},$$

d'où $\qquad \mu'm' = \beta'b' \times \frac{am}{ab} = (\beta b' - \alpha a')\,\frac{am}{ab}, \qquad (1)$

ou $\qquad \mu'm' = (5,8 - 3,2) \times \frac{am}{ab} = 2,6 \times \frac{am}{ab}. \qquad (2)$

En mesurant *avec une unité arbitraire* les longueurs am et ab, on calcule la valeur numérique du rapport $\frac{am}{ab}$, et on en déduit par la formule (2) celle de $\mu'm'$; la cote du point m est alors $\mu\mu' + \mu'm' = \alpha a' + \mu'm'$, c'est-à-dire $3,2 + \mu'm'$. On peut ainsi se dispenser de toute construction graphique.

REMARQUE I. — Pour simplifier les constructions, on choisit le plus souvent comme plan horizontal de projection le plan horizontal passant par celui des deux points qui a la cote la moins élevée (par le point A dans notre exemple), et comme plan vertical de

projection celui qui contient la droite donnée. Alors la ligne de terre xy est la droite ab elle-même (*fig.* 187), et le point A étant sur xy, ses deux projections sont confondues en a ; quant au point B, sa cote par rapport au plan horizontal de projection est $5,8 - 3,2 = 2,6$; par suite sa projection verticale b' s'obtient en portant sur la perpendiculaire élevée en b à xy une longueur bb' égale à 2 unités 6 dixièmes de l'échelle du dessin. La projection verticale de la droite est alors ab'. Pour avoir ensuite la cote du point de cette droite projeté horizontalement en m, on détermine sa projection verticale m' et on mesure à l'échelle du dessin, la longueur mm' : la cote cherchée est $3,2 + mm'$.

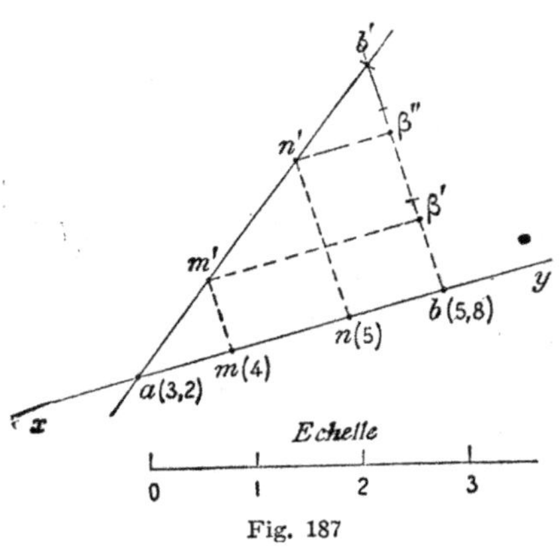

Fig. 187

REMARQUE II. — Dans la figure 187, la droite $(ab, a'b')$ étant dans le plan vertical de projection les segments portés par cette droite sont projetés verticalement en vraie grandeur (5, III) ; en mesurant alors le segment $a'b'$ au moyen de l'unité de longueur portée par l'échelle du dessin, on a la distance des points $a(3,2)$ et $b(5,8)$. On détermine donc incidemment la distance de deux points donnés par leurs projections cotées.

Ce problème peut aussi être résolu simplement par le calcul. Remarquons en effet que le triangle rectangle abb' (*fig.* 187) donne

$$\overline{ab'}^2 = \overline{ab}^2 + \overline{bb'}^2 \; ;$$

par suite, si on désigne par δ la distance des projections horizontales des deux points, par h la différence de leurs cotes, la distance d de ces points est fournie par la relation

$$d = \sqrt{\delta^2 + h^2}.$$

146. Problème. — *Une droite étant définie par les projections* *cotées de deux de ses points, déterminer la projection d'un point de cette droite connaissant sa cote.*

Soit par exemple à déterminer la projection du point de cote 5, sur la droite $a(3,2)$ $b(5,8)$ (*fig.* 186 et 187).

MÉTHODE GRAPHIQUE. — Soit $a'b'$ (*fig.* 186) la projection verticale de la droite dans le système de deux plans de projection défini par la ligne de terre xy, cette projection verticale étant déterminée comme nous l'avons indiqué au n° 144.

Le lieu des points de l'espace dont la cote est 5 est le plan horizontal ayant pour trace verticale la parallèle $n'\beta''$ à xy mené à 5 unités de l'échelle du dessin au-dessus de xy ; cette parallèle rencontre $a'b'$ au point n', qui est la projection verticale du point cherché : en rappelant n' en n sur ab, on a la projection horizontale de ce point.

Si on a choisi comme plan horizontal de projection le plan horizontal de cote 3,2, et comme plan vertical de projection le plan projetant horizontalement la droite donnée (*fig.* 187), la trace verticale du plan horizontal de cote 5 est la parallèle $n'\beta''$ à ab menée à $5 - 3,2 = 1$ unité 8 dixièmes au-dessus de cette droite ; elle rencontre la projection verticale ab' de la droite donnée en n', projection verticale du point cherché : la projection horizontale de ce point s'obtient ensuite en rappelant n' en n sur ab.

MÉTHODE PAR LE CALCUL. — Dans la figure 187, par exemple, les triangles semblables ann' et abb' donnent

$$(1) \qquad \frac{an}{ab} = \frac{nn'}{bb'}.$$

Or, puisque le plan horizontal de projection a pour cote 3,2 par rapport au plan de comparaison, on a

$$nn' = 5 - 3,2 = 1,8, \qquad bb' = 5,8 - 3,2 = 2,6 ;$$

la formule (1) donne donc

$$\frac{an}{ab} = \frac{1,8}{2,6} = \frac{9}{13},$$

ou

$$an = \frac{9}{13}\, ab.$$

On mesure alors ab *avec une unité arbitraire* ; on en déduit la mesure de la longueur an, et par suite la position du point n.

REMARQUE. — Le problème que nous venons de traiter permet en particulier de trouver la trace horizontale d'une droite, c'est-à-dire le point de cote nulle de cette droite.

147. Pente, module ou intervalle, échelle ou graduation d'une droite. — Nous rappelons ici, à cause de leur importance, les définitions de la pente et du module d'une droite, données dans la première partie (47 et 48) :

La pente d'une droite est la tangente trigonométrique de l'angle qu'elle fait avec le plan horizontal.

L'intervalle ou *le module d'une droite est la distance qui sépare les projections horizontales de deux points de la droite dont les cotes diffèrent d'une unité.*

Nous avons établi (48) que la pente p et l'intervalle μ d'une droite sont deux nombres inverses l'un de l'autre.

$$p = \frac{1}{\mu}.$$

On appelle *échelle* ou *graduation* d'une droite l'ensemble des points de cote ronde de cette droite. La droite ab (*fig.* 188) est une droite *graduée.*

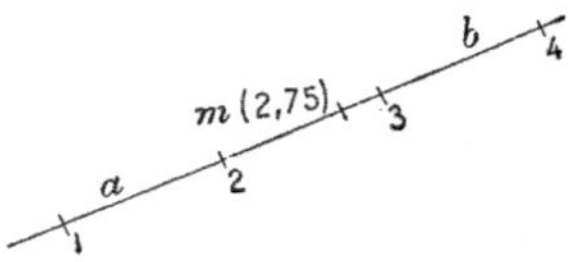

La construction de l'échelle d'une droite est une application immédiate du problème traité au n° 146.

La distance constante qui sépare les projections de deux points de cote ronde consécutifs sur une droite graduée mesure évidemment l'intervalle de la droite. Il résulte de là que, lorsqu'on connaît la projection d'un point de cote ronde d'une droite, l'intervalle de cette droite et le sens de la graduation, on peut immédiatement construire l'échelle de la droite.

Fig. 188

L'emploi de l'échelle d'une droite est très commode dans les épures. On peut en effet avoir immédiatement la cote approximative d'un point d'une droite graduée, connaissant sa projection, et, inversement, figurer la projection d'un point de cette droite connaissant sa cote. Ainsi, le point m de la droite ab (*fig.* 188) étant à peu près aux trois quarts entre la projection du point de cote 2 et celle du point de cote 3 est la projection d'un point de l'espace ayant environ pour cote 2,75.

§ III

Droites parallèles.

148. **Théorème**. — *Pour que deux droites soient parallèles, il faut et il suffit que leurs projections horizontales soient paral-*

lèles, que leurs intervalles soient égaux et que leurs cotes crois-
sent dans le même sens.

1° *Les conditions sont nécessaires.* — En effet, nous avons vu
(6) que deux droites parallèles se projettent sur un même plan
suivant des droites parallèles ; en particulier, leurs projections
sur un plan horizontal sont parallèles.

De plus deux droites parallèles faisant le même angle avec le
plan horizontal ont la même pente, et par suite le même intervalle.

Enfin, deux droites parallèles AB et CD (*fig.* 189) étant situées
dans un même plan, les
droites MP et NQ, par exemple, qui joignent respectivement les points de cotes 2 et
3 sur ces droites sont des horizontales de leur plan ; ces
horizontales sont donc parallèles dans l'espace, et il en
est de même de leurs projec-
tions horizontales *mp* et *nq*. Or, il ne peut en être ainsi que si
les cotes croissent dans le même sens sur les droites.

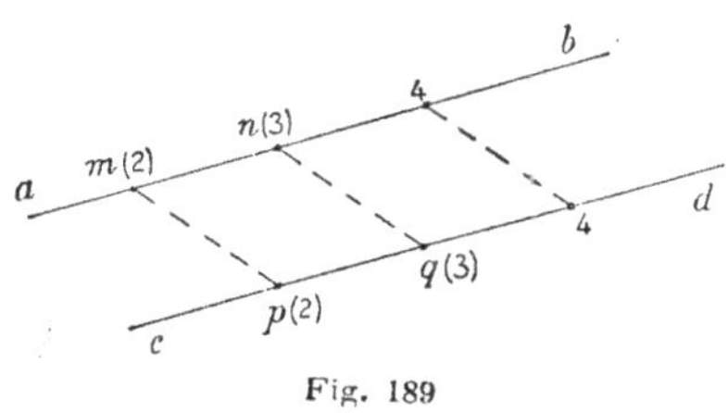

Fig. 189

2° *Les conditions sont suffisantes.* En effet, si les droites AB et
CD ont leurs projections parallèles, leurs intervalles égaux et leurs
graduations de même sens, la figure *mnqp* est un parallélo-
gramme ; il en résulte que les horizontales MP et NQ sont parallèles entre elles, puisque, d'une part, leurs projections *mp* et *nq*
sont parallèles, et que, d'autre part, une horizontale est parallèle
à sa projection sur un plan horizontal (5, III). Ces horizontales MP
et NQ déterminent donc un plan R, qui contient les droites AB et
CD ; en outre, les projections de ces droites étant parallèles par
hypothèse, les plans qui les projettent horizontalement sont parallèles, et les droites AB et CD sont parallèles entre elles, comme intersections de deux plans parallèles
par le plan R.

149. Problème. — *Mener par un
point donné une parallèle à une droite
donnée.*

Soit à mener par le point *m*(4,5)
la parallèle à la droite *a*(3,2) *b*(5,8)
(*fig.* 190). La projection de la droite cherchée est d'abord la
parallèle *mn* menée par *m* à *ab* ; sur cette parallèle portons une

m(4,5)   *n*(7,1)

a(3,2)   *b*(5,8)

Fig. 190.

longueur $mn = ab$ dans le même sens que ab ; comme la différence des cotes des points A et B est $5,8 - 3,2 = 2,6$, si on affecte le point n de la cote $4,5 + 2,6 = 7,1$, la droite $m(4,5)\ n(7,1)$ est la droite cherchée : en effet, son intervalle $\dfrac{mn}{2,6}$ est égal à l'intervalle $\dfrac{ab}{2,6}$ de la droite donnée.

§ IV.

Droites concourantes.

150. Soient AB et CD deux droites de l'espace dont on connaît les projections cotées ab et cd (*fig.* 191). Si ces droites se coupent en un point M, la projection de ce point est nécessairement le point m où se rencontrent les projections des deux droites, et ce point m, considéré comme appartenant à l'une ou l'autre des droites doit être affecté de la même cote, celle du point M.

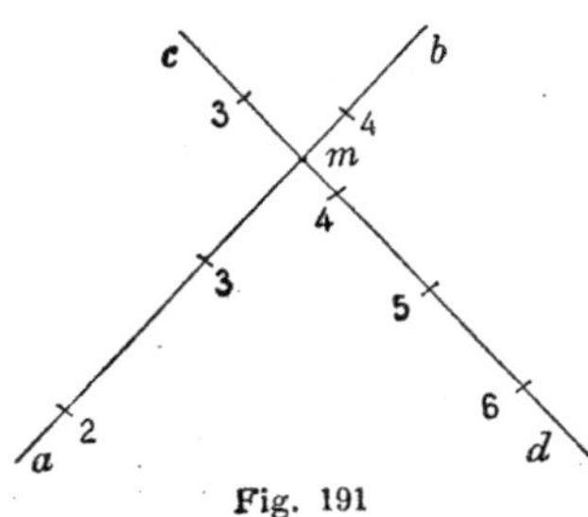

Fig. 191

Réciproquement, si par l'un ou l'autre des procédés indiqués au n° 145 on a déterminé les cotes des points de chacune des droites projetés en m et si on a trouvé que ces cotes sont égales, les droites AB et CD sont concourantes, car sur la verticale du point m il n'existe qu'un seul point ayant une cote donnée.

Lorsque les projections horizontales des droites données $a(4,8)$ $b(6,1)$ et $c(7,5)d(9,6)$ ne se coupent pas dans les limites de l'épure (*fig.* 192), on trace les droites ad et bc qui se rencontrent dans les limites de l'épure et qui sont les projections cotées de deux droites AD et BC, s'appuyant sur les droites données. Si les droites AB et CD sont concourantes, elles définissent un plan qui contient AD et BC ; par suite ces dernières droites sont également concourantes.

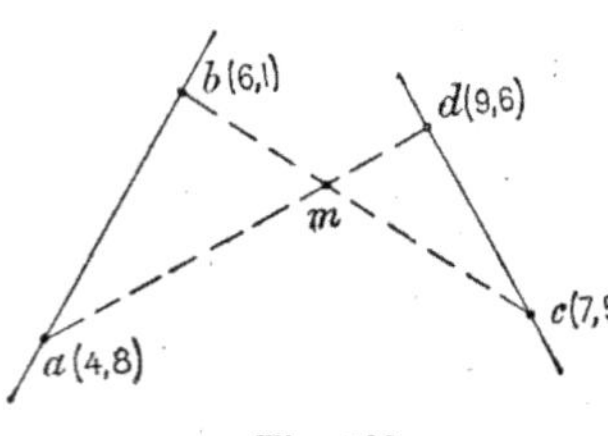

Fig. 192

Le même raisonnement montre que, réciproquement, si AD et BC sont concourantes, il en est de même des droites AB et CD.

Pour reconnaître si les droites données sont concourantes, on est donc ramené à vérifier que les droites $a(4,8)d(9,6)$ et $b(6,1)c(7,5)$ le sont, et cette vérification se fait comme nous l'avons montré plus haut.

Lorsqu'on connaît sur les droites données AB et CD des points de même cote, en particulier lorsqu'on donne les échelles de ces droites (*fig.* 193), un pro-

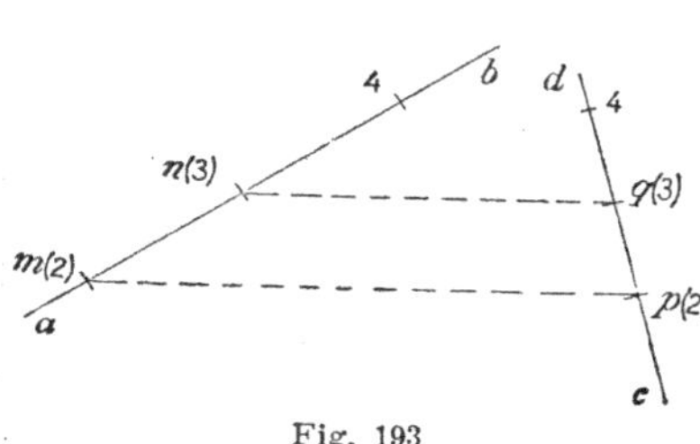
Fig. 193

cédé plus rapide consiste à tracer les projections mp et nq de deux horizontales s'appuyant sur ces droites. Si les droites données sont concourantes, elles déterminent un plan qui contient ces horizontales ; celles-ci sont donc parallèles, et il en est de même de leurs projections mp et nq. Réciproquement, si mp et nq sont parallèles, comme elles sont les projections de deux horizontales s'appuyant sur les droites données, ces horizontales sont parallèles et par suite définissent un plan qui contient les droites AB et CD ; donc ces droites sont concourantes. En résumé, reconnaître que les droites données sont concourantes revient, dans ce cas, à reconnaître le parallélisme de mp et nq.

151. Cas particulier. — *Les droites données ont leurs projections confondues.*

Soient deux droites $a(1)b(3)$ et $c(2)d(4)$ dont les projections ab et cd sont confondues (*fig.* 194). Ces droites sont dans un même plan vertical qui les projette horizontalement l'une et l'autre ; donc elles sont parallèles ou concourantes. Considérons alors le système de deux plans de projection défini par le plan horizontal passant au point $a(1)$ et par le plan vertical

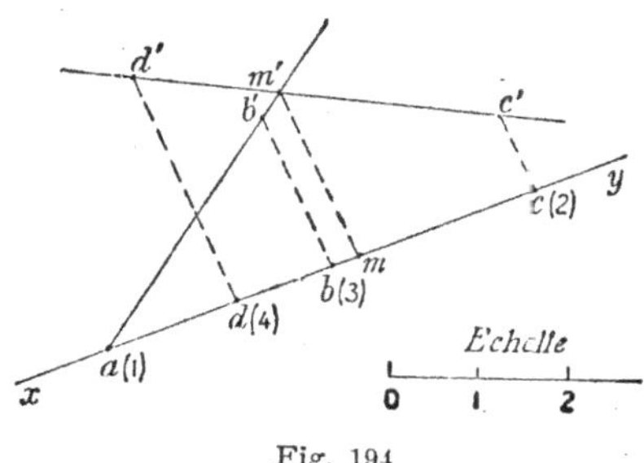
Fig. 194

qui contient les deux droites, et soient ab' et $c'd'$ les projections verticales des deux droites dans ce système (144 et 145). Suivant que les droites données sont parallèles ou concourantes, leurs projections verticales sont également parallèles ou concourantes; dans ce dernier cas le point m' où se rencontrent leurs projections verticales est la projection verticale de leur point d'intersection; la projection horizontale m de ce point s'obtient en menant la ligne de rappel $m'm$ et sa cote en mesurant le segment $m'm$ à l'échelle du dessin.

EXERCICES

1. Reconnaître si un point est au-dessus ou au-dessous d'une droite donnée dont la projection passe par la projection du point.

2. Construire l'échelle d'une droite passant par un point donné, connaissant sa projection et sachant qu'elle rencontre une droite donnée.

3. Mener par un point une droite de pente donnée s'appuyant sur une horizontale donnée. Discuter.

4. Mener par un point une droite de pente donnée dont la trace horizontale soit à une distance donnée d'un point donné du plan horizontal. Discuter.

5. Mener par un point deux droites de pentes données sachant que le segment qui joint leurs traces horizontales est divisé en deux parties égales par un point donné. Discuter.

6. Mener par deux points donnés deux droites parallèles, sachant que les horizontales s'appuyant sur ces droites ont une direction donnée.

7. Mener par deux points donnés ayant même cote, deux droites parallèles, sachant que leurs traces horizontales sont respectivement:
    1° sur deux droites données;
    2° sur une droite et un cercle donnés;
    4° sur deux cercles donnés.

8. Mener une parallèle à une droite donnée rencontrant une horizontale et une droite données.

CHAPITRE II

LE PLAN

––––––

§ I.

Détermination du plan.

152. En géométrie cotée, comme en géométrie descriptive, un plan est toujours déterminé par trois points non en ligne droite, ou par une droite et un point, ou par deux droites concourantes ou parallèles.

Ainsi les droites $a(4)\,b(2)$ et $a(4)\,c(1)$, qui se coupent au point $a(4)$, définissent un plan P (*fig.* 195).

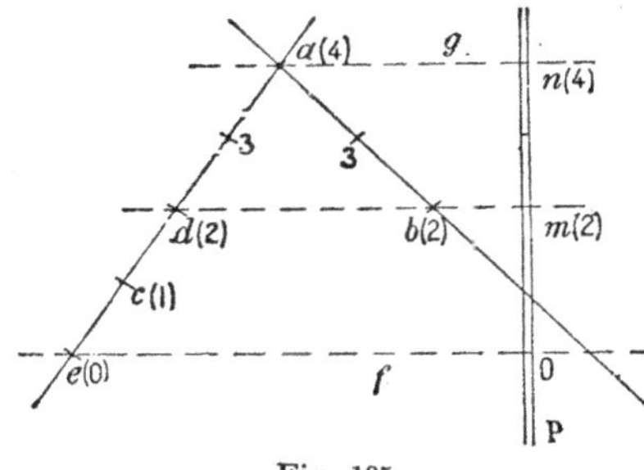

Fig. 195

153. **Horizontales, échelle de pente d'un plan.** — On obtient une horizontale d'un plan en joignant deux points de même cote pris dans ce plan. Ainsi si on marque sur la droite $a(4)\,c(1)$ le point d de cote 2 (*fig.* 195), la droite $b(2)\,d(2)$ est l'horizontale de cote 2 du plan P défini précédemment. Comme toutes les horizontales d'un plan ont leurs projections horizontales parallèles (63), la projection de l'horizontale de cote 4, par exemple, du plan P est la parallèle ag à bd menée par le point a.

De même, si on marque le point e de cote zéro sur ac, la trace horizontale du plan, c'est-à-dire l'horizontale de côte zéro de ce plan, est la parallèle ef à bd.

D'une manière générale, lorsqu'on connaît la direction des horizontales d'un plan, on peut tracer immédiatement celle qui passe par un point donné dans le plan.

Nous avons vu que les lignes de plus grande pente d'un plan par rapport au plan horizontal ont leurs projections horizontales perpendiculaires aux projections des horizontales du plan (134); par conséquent si on mène une perpendiculaire quelconque mn aux horizontales que nous avons tracées, et si on marque, par exemple, les points m et n où cette perpendiculaire rencontre les horizontales bd et ag de cotes 2 et 4, la droite $m(2)\ n(4)$ est une ligne de plus grande pente du plan.

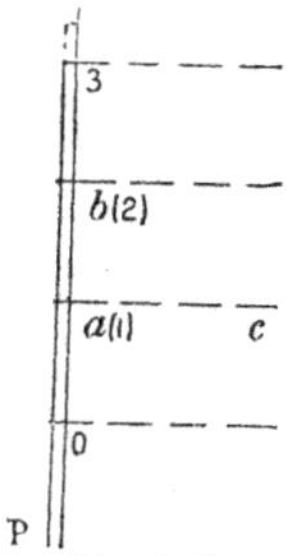

Nous avons déjà démontré qu'une ligne de plus grande pente suffit à déterminer un plan. Ainsi, si la droite $a(1)\ b(2)$ (*fig.* 196) est une ligne de plus grande pente d'un plan P, la droite ac, perpendiculaire à ab, est la projection de l'horizontale de cote 1 de ce plan, et cette horizontale définit avec la droite $a(1)\ b(2)$ un plan et un seul.

Une ligne de plus grande pente graduée se nomme une *échelle de pente* du plan. A moins de circonstances exceptionnelles, en géométrie cotée, on définit toujours un plan par son échelle de pente, qu'on figure par deux traits parallèles très rapprochés l'un de l'autre.

Fig. 196

Lorsqu'on connaît l'échelle de pente d'un plan, on peut immédiatement tracer les projections des horizontales de cotes rondes de ce plan, et, en particulier, sa trace horizontale.

154. Pente, intervalle ou module d'un plan. — La *pente* d'un plan est la pente d'une quelconque de ses lignes de plus grande pente.

L'*intervalle* ou le *module* d'un plan est l'intervalle d'une ligne de plus grande pente de ce plan; l'intervalle d'un plan est donc la distance des projections de deux points de cotes rondes consécutifs sur son échelle de pente.

De ces définitions, il résulte que la pente et l'intervalle d'un plan sont deux nombres inverses l'un de l'autre (48).

155. Plans verticaux. Plans horizontaux. — Un *plan vertical* est complètement défini par sa trace horizontale.

Un *plan horizontal* est simplement défini par sa cote.

156. Problème. — *Déterminer la cote d'un point d'un plan, connaissant sa projection.*

CHOLLET, Géom. Desc. I   9

Soit le plan P défini par une échelle de pente (*fig.* 197). Cherchons la cote du point M de ce plan projeté en *m*. L'horizontale du plan passant par le point M se projette suivant la perpendiculaire *mn* abaissée du point *m* sur l'échelle de pente ; cette horizontale rencontre la ligne de plus grande pente du plan dont la projection est P en un point projeté en *n*. En déterminant la cote de ce point sur la droite P (145), on a la cote du point M. Dans notre figure, la cote cherchée est approximativement 2,6.

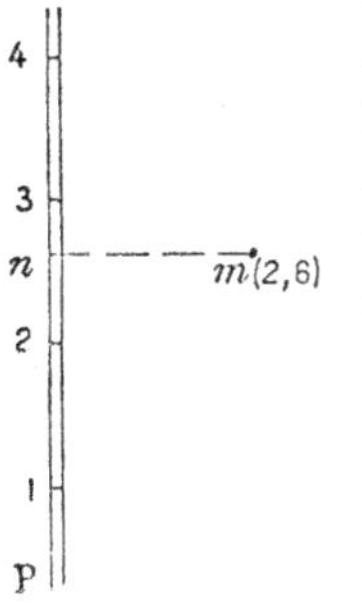

Fig. 197

REMARQUE. — Le problème qu'on vient de résoudre peut s'énoncer : *Déterminer le point d'intersection du plan P avec la verticale dont la trace horizontale est m.*

157. Problème. — *Reconnaître la position d'un point de l'espace par rapport à un plan donné.*

Soit par exemple à reconnaître si le point $m(2,8)$ est au-dessus ou au-dessous du plan P défini par une échelle de pente (*fig.* 198), ou encore s'il appartient à ce plan. Pour cela, on cherche, comme nous l'avons indiqué, la cote du point A du plan dont la projection est *m*.

Si cette cote est égale à celle du point donné M, ce point est dans le plan ; si elle est inférieure à celle du point M, ce point est au-dessus du plan ; si elle lui est supérieure, le point M est au-dessous du plan.

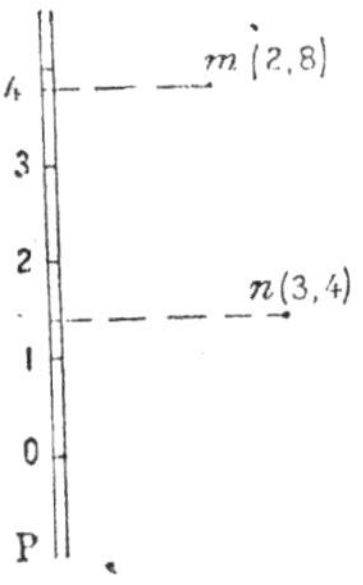

Fig. 198

Dans la figure 198, on voit, sans qu'il soit nécessaire de faire de construction, que le point $m(2,8)$ est au-dessous du plan.

158. Problème. — *Graduer une droite d'un plan connaissant sa projection.*

Soit, par exemple, à établir la graduation d'une droite AB du plan P (*fig.* 199), connaissant la projection *ab* de cette droite. La droite AB, qui n'est pas supposée horizontale, rencontre toutes les horizontales du plan P ; par suite, si on trace les projections des horizontales de cotes rondes de ce plan, elles rencontrent *ab* en des points qui sont les projections des points de la droite AB

ayant les mêmes cotes que ces horizontales. On a donc immédiate-
tement l'échelle de la droite AB.

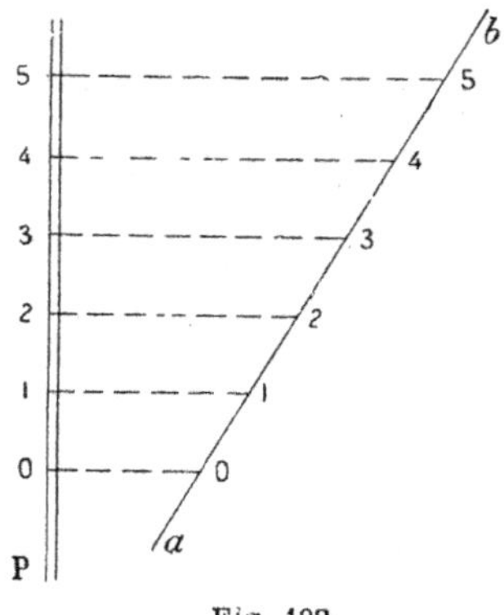

Fig. 199.

Si la droite *ob* était perpendiculaire à l'échelle de pente du plan,
elle serait la projection d'une horizontale du plan, dont on pourrait
avoir immédiatement la cote (156).

REMARQUE. — Le problème qu'on
vient de résoudre peut encore
s'énoncer : *Déterminer la droite
d'intersection du plan P avec le
plan vertical ayant pour trace
horizontale ab.*

159. Problème. — *Reconnaître
si une droite donnée est dans un plan donné.*

Pour qu'une droite AB appartienne à un plan P, il faut et il
suffit que cette droite rencontre deux droites quelconques du plan P.

Par suite, si la droite est donnée par sa projection cotée, le
plan par une échelle de
pente, il suffira de vérifier
que deux horizontales de ce
plan rencontrent la droite,
en supposant toutefois que
cette droite n'est pas elle-
même une horizontale ; pour
cela, on cherchera si les
points de la droite projetés
aux points où sa projection
rencontre les projections des
horizontales choisies ont les
mêmes cotes que ces hori-
zontales.

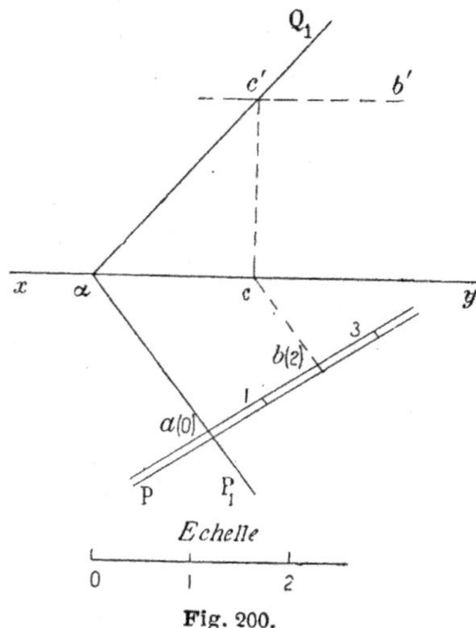

Fig. 200.

Si la droite donnée est horizontale, pour qu'elle appartienne au plan P, il faut que
le point où elle rencontre
l'échelle de pente ait même cote que cette horizontale.

160. Problème. — *Passer de la représentation du plan en géométrie cotée à sa représentation en géométrie descriptive.*

Soit le plan P défini par une échelle de pente (*fig.* 200) ; proposons-nous, par exemple, de déterminer les traces de ce plan dans le système de deux plans de projection défini par la ligne de terre xy, le plan de comparaison étant pris comme plan horizontal de projection. On a d'abord immédiatement la trace horizontale $P_1\alpha$ du plan en menant la perpendiculaire à l'échelle de pente au point $a(O)$ de cette droite.

Quant à la trace verticale, c'est l'intersection du plan vertical xy avec le plan, c'est-à-dire (158, Rem.) la droite de ce plan dont la projection horizontale est xy ; marquons, par exemple, le point α de cote *zéro* et la projection horizontale c du point de cote 2 de cette droite (158). La projection verticale c' de ce dernier point s'obtient en portant sur la perpendiculaire élevée en c à xy une longueur cc' égale à 2 unités de l'échelle du dessin, et la trace verticale du plan est, en projection verticale, la droite $\alpha c'$.

Réciproquement, soit $P_1\alpha Q_1$ un plan défini par ses traces dans un système de deux plans de comparaison ; proposons-nous de figurer une échelle de pente de ce plan, en prenant le plan horizontal de projection comme plan de comparaison. On a déjà, toute tracée, la trace horizontale $P_1\alpha$ du plan ; en menant par exemple la parallèle $b'c'$ à xy à deux unités de l'échelle du dessin au-dessus de xy, et en considérant cette parallèle comme la projection verticale de l'horizontale de cote 2 du plan, on peut avoir aisément la projection horizontale bc de cette horizontale (64). La construction d'une échelle de pente P du plan s'en déduit immédiatement (153).

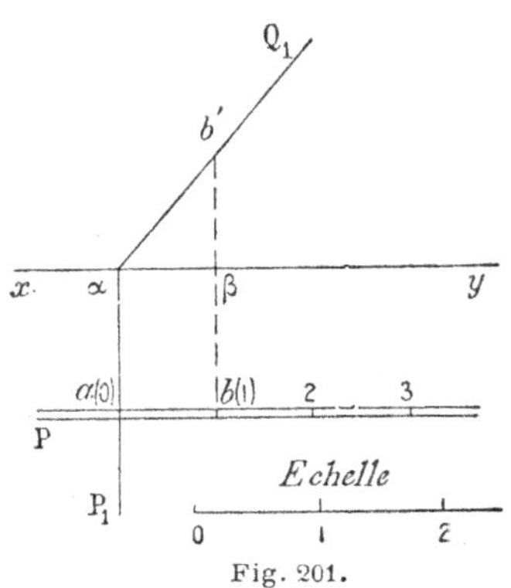

Fig. 201.

161. Application. — *Un plan étant défini par une échelle de pente P (fig. 201), définir un système de deux plans de projection dans lequel le plan donné soit un plan de bout.*

Nous supposons, bien entendu, que le plan de comparaison est choisi comme plan horizontal de projection.

Puisque la condition nécessaire et suffisante pour qu'un plan soit de bout est que sa trace horizontale soit perpendiculaire à la ligne de terre (73), il suffira donc de choisir la ligne de terre xy perpendiculaire aux horizontales du plan, c'est-à-dire parallèle à son échelle de pente. Les horizontales du plan deviennent alors des droites de bout : par exemple, l'horizontale de cote 1, dont la projection horizontale est $b\beta$; a pour trace verticale le point b' situé sur le prolongement de $b\beta$, à *une* unité de l'échelle du dessin au-dessus de xy. La trace verticale du plan est ensuite la droite $\alpha b'$, obtenue en joignant au point b' le point α où la trace horizontale rencontre xy.

162. Problème. — *Mener dans un plan, par un point de ce plan, une droite d'intervalle donné.*

Soit à mener dans le plan P, défini par une échelle de pente, une

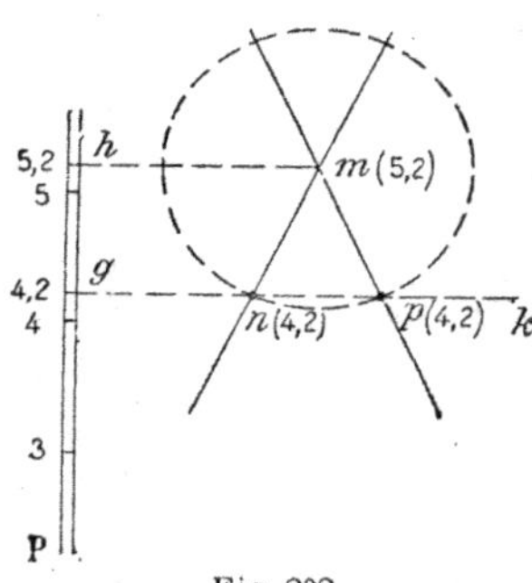

Fig. 202.

droite d'intervalle donné i passant par le point $m(5, 2)$ du plan (*fig.* 202). Supposons le problème résolu et soit mn la projection de la droite cherchée, sur laquelle nous prenons le point N dont la cote est 4, 2, inférieure d'une unité à celle du point donné ; cette droite sera complètement déterminée si on connaît la projection n du point N. Or un premier lieu du point n est la projection horizontale gk de l'horizontale de cote 4,2 du plan donné, que l'échelle de pente du plan permet de tracer immédiatement ; de plus, le segment mn est égal à l'intervalle i de la droite cherchée, de sorte que la circonférence de centre m et de rayon i est un deuxième lieu du point n. Cette circonférence rencontre généralement la droite gk en deux points n et p, et les droites $m(5,2)\,n(4,2)$, $m(5,2)\,p(4,2)$ répondent à la question.

Discussion. — Pour que le problème soit possible, il faut que la droite gk rencontre la circonférence, c'est-à-dire que $gh \leqslant mn$. En désignant par I l'intervalle du plan donné, comme I $= gh$, cette condition s'écrit encore I $\leqslant i$.

En résumé, si I $< i$, le problème admet 2 solutions,

       si I $= i$,   —   admet une solution unique.

et la droite demandée est la ligne de plus grande pente du plan
dassant par le point donné,

si $\quad I > i,\quad$ le problème n'a pas de solution.

REMARQUE I. — Dans la pratique, l'intervalle donné i est généralement exprimé par une fraction, et il serait assez compliqué de
construire le rayon i de la circonférence employée dans la solution que nous venons de donner. On procède alors d'une façon un
peu différente. Soit par exemple à mener par le point $m(5,5)$ du
plan P une droite de ce plan ayant pour intervalle $\dfrac{5}{3}$ (*fig.* 203). Au
lieu de chercher un des deux points de la droite dont la cote diffère d'une unité de celle du point donné, on cherche celui dont la cote
en diffère de 3 unités en moins par exemple. Un premier lieu de la projection n de ce point est la projection gk de l'horizontale du plan
de cote $5,5 - 3 = 2,5$; un deuxième lieu est la circonférence de
centre m et de rayon égal à 3 fois l'intervalle de la droite cherchée, c'est-à-dire à $3 \times \dfrac{5}{3} = 5$ unités de l'échelle du dessin. La
solution s'achève ensuite comme plus haut.

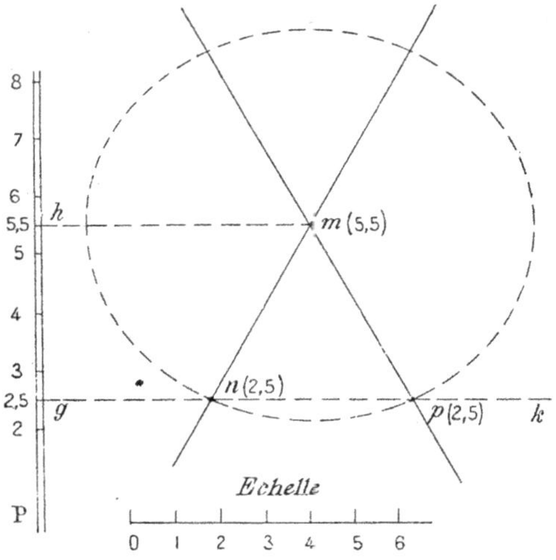

D'une manière générale, on aura un deuxième point n de la projection de la droite cherchée à l'intersection de la projection de l'horizontale du plan dont la cote diffère
en plus ou en moins de celle du point donné du nombre d'unités
égal au dénominateur de l'intervalle donné, avec la circonférence
de centre m et dont le rayon mesuré à l'échelle du dessin égale le
numérateur de cet intervalle.

Fig. 203.

Remarque II. — Le problème précédent peut aussi être énoncé de la façon suivante : *Mener dans un plan, par un point de ce plan, une droite faisant un angle donné α avec le plan horizontal.*

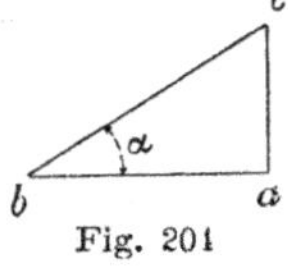

Fig. 201

En effet, construisons un triangle rectangle *abc* dont l'un des angles aigus soit égal à l'angle donné α, le côté opposé *ac* étant égal à *une* unité de l'échelle du dessin (*fig.* 204) ; on a

$$\operatorname{tg} \alpha = \frac{ac}{ab} = \frac{1}{ab}.$$

Tout revient alors, d'après la définition de la pente d'une droite (147), à construire une droite du plan donné dont la pente est $\frac{1}{ab}$, c'est-à-dire dont l'intervalle est *ab* ; l'équivalence des deux énoncés est donc évidente.

163. **Problème.** — *Mener par une droite donnée un plan d'intervalle donné.*

Soit à mener par la droite graduée AB un plan d'intervalle donné I (*fig.* 205). On pourrait construire immédiatement l'échelle de pente du plan cher-

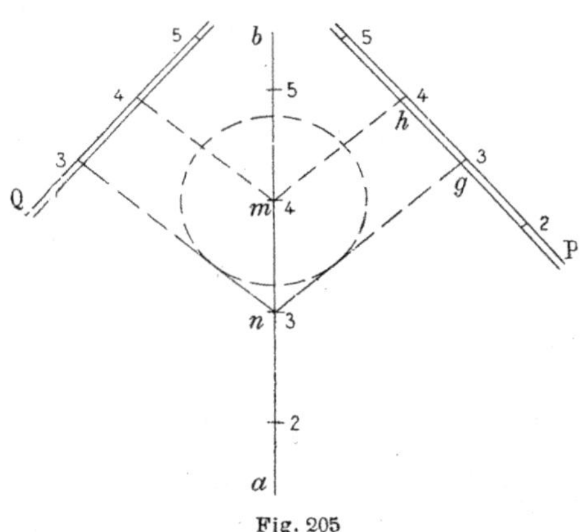

Fig. 205

ché, si on connaissait les projections de deux horizontales de cotes rondes de ce plan, par exemple celles qui passent par les points *n*(3) et *m*(4) de la droite donnée. Supposons donc construites les projections *mh* et *ng* de ces horizontales ; leur distance est égale à l'intervalle du plan. Par conséquent *ng* est tangente à la circonférence de centre *m* et de rayon I ; en menant ensuite par *m* la parallèle *mh* à la droite *ng* ainsi construite, on en déduit aisément une échelle de pente P du plan cherché.

Discussion. — Pour que le problème soit possible, il faut que l'on puisse mener par le point n une tangente à la circonférence, c'est-à-dire que la distance mn soit supérieure ou au moins égale au rayon de cette circonférence, $mn \geqslant I$. Or, si on désigne par i l'intervalle de la droite donnée, on a $mn = i$. La condition trouvée peut donc s'écrire $i \geqslant I$.

Comme, par un point extérieur à une circonférence, on peut généralement mener deux tangentes à cette circonférence, si $I < i$, on obtient deux plans P et Q répondant à la question ; si $I = i$, il n'y a qu'un seul plan admettant la droite donnée comme ligne de plus grande pente ; enfin si $I > i$, le problème n'a pas de solution.

Remarque I. — Dans la pratique, l'intervalle donné du plan cherché est généralement une fraction, et pour les raisons déjà exposées à propos du problème précédent, on est obligé pour éviter des constructions trop complexes, de modifier légèrement la solution qu'on vient de lire.

Soit à mener par la droite AB un plan d'intervalle $\dfrac{3}{5}$ (*fig.* 206) ; au lieu de chercher à construire deux horizontales du plan dont les cotes diffèrent d'une unité, on cherche les projections de deux horizontales dont les cotes diffèrent de 5 unités, par exemple celles qui passent par les points $m(8)$ et $n(3)$

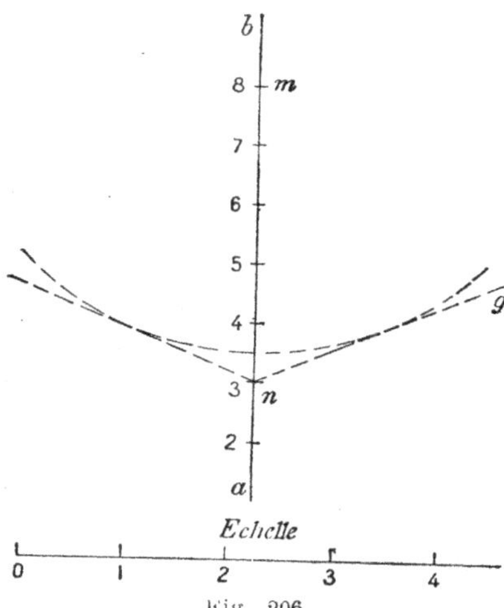

Fig. 206.

de la droite donnée ; la distance des projections de ces horizontales est égale à 5 fois l'intervalle du plan, $\dfrac{3}{5}$. c'est-à-dire à $5 \times \dfrac{3}{5} = 3$ unités de l'échelle du dessin, d'où la construction suivante :

Du point *m* comme centre, avec un rayon égal à 3 unités de l'échelle du dessin, on décrit une circonférence et par le point *n* on mène les tangentes à cette circonférence ; ces tangentes sont les projections des horizontales de cote 3 des plans répondant à la question. La solution s'achève comme plus haut.

Remarque II. — Les constructions sont en défaut lorsque la droite donnée est horizontale, car on ne peut plus prendre sur cette droite des points de cotes différentes. Soit à mener par l'horizontale *ab* (8) un plan de pente $\frac{5}{3}$ (*fig.* 207) ; on a immédiatement la projection d'une deuxième horizontale du plan cherché en menant la parallèle *cd* à *ab* à une distance égale à 5 fois l'intervalle $\frac{3}{5}$ du plan cherché, c'est-à-dire à une distance égale à $5 \times \frac{3}{5} = 3$ unités de l'échelle du dessin. La cote de cette deuxième horizontale diffère de celle de l'horizontale donnée de 5 unités, elle est donc soit $8 + 5 = 13$, soit $8 - 5 = 3$, d'où deux plans répondant à la question, dont on construit aisément les échelles de pente P et Q.

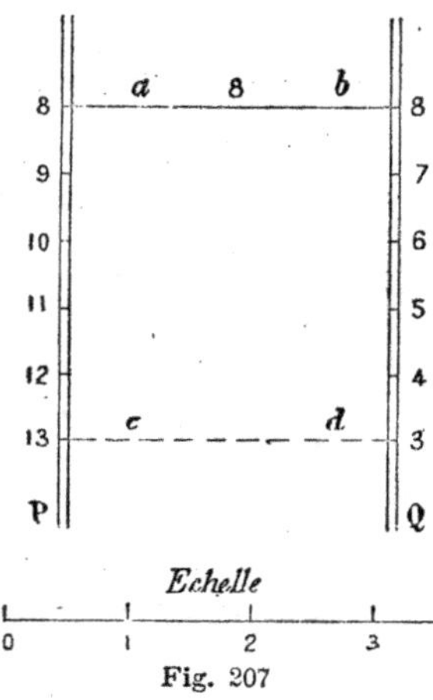
Echelle

Fig. 207

Remarque III. — Le problème précédent peut encore s'énoncer de la façon suivante : *Mener par une droite donnée un plan faisant un angle donné* α *avec le plan horizontal.*

En effet, puisque l'angle aigu α d'un plan avec le plan horizontal est, par définition, l'angle formé par une de ses lignes de plus grande pente avec le plan horizontal (134), en désignant par I l'intervalle donné du plan cherché, on a $I = \cotg\, α$; on peut construire aisément (162, Rem. II) l'intervalle de ce plan, et l'équivalence des deux énoncés devient évidente.

§ II.

Droites et plans parallèles.

164. **Théorème.** — *La condition nécessaire et suffisante pour*

que deux plans soient parallèles est que les lignes de plus grande pente des deux plans soient parallèles.

La condition est nécessaire. En effet, si deux plans sont parallèles, les horizontales de ces plans sont parallèles, comme intersections de deux plans parallèles par des plans horizontaux, eux-mêmes parallèles. Si on mène alors un plan perpendiculaire à la direction commune de leurs horizontales, ce plan coupe les deux premiers suivant des lignes de plus grande pente, et ces lignes sont parallèles, comme intersections de deux plans parallèles par un troisième.

La condition est suffisante. En effet, si deux plans ont leurs lignes de plus grande pente parallèles, ils ont également leurs horizontales parallèles, puisque les projections de ces horizontales, perpendiculaires aux projections parallèles des lignes de plus grande pente des deux plans, sont parallèles. Chaque plan pouvant alors être considéré comme défini par deux droites de directions différentes parallèles à deux droites de l'autre plan, ces plans sont parallèles.

REMARQUE. — En rapprochant ce théorème de celui établi au n° 148, on peut dire encore : *Pour que deux plans soient parallèles, il faut et il suffit que leurs échelles de pente soient parallèles, que leurs intervalles soient égaux, et que les cotes croissent dans le même sens sur les échelles de pente.*

165. Problème. — *Mener, par un point donné, le plan parallèle à un plan donné par son échelle de pente.*

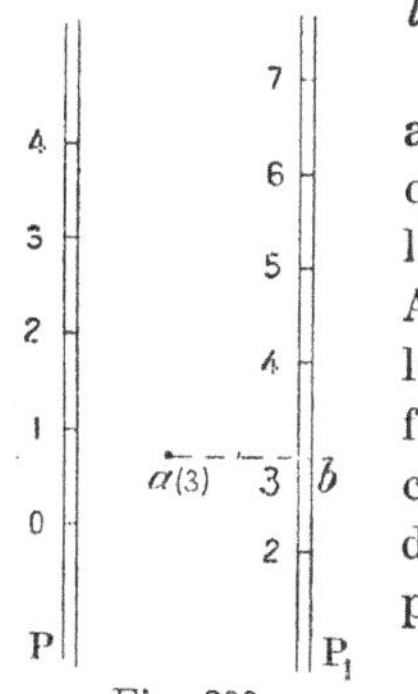
Fig. 208

Soit à mener par le point $a(3)$ le plan parallèle au plan P (*fig.* 208). On sait *a priori* (164, Rem.) que l'échelle de pente du plan cherché est parallèle à P ; par suite, la projection de l'horizontale AB de ce plan passant par le point donné A est la droite ab perpendiculaire à P. Il est ensuite facile de construire une échelle de pente quelconque P_1 du plan demandé : pour cela, il suffit de mener par un point $b(3)$ de l'horizontale AB, la parallèle à P et de graduer cette parallèle (149).

166. Problème. — *Mener par une droite un plan parallèle à une droite donnée.* Soit à mener par la droite $a(3)\,b(6)$ supposée graduée le plan parallèle à la droite c(2) d(3) (*fig.* 209). Par le point a(3) de la première droite, menons la parallèle a(3) e(4) à la seconde (149) ; le plan a(3) e(4) b(6) est le plan cherché. En construisant les projections *ef* et *gh* des horizontales de cotes 4 et 5 de ce plan, on en déduit aisément une échelle de pente P.

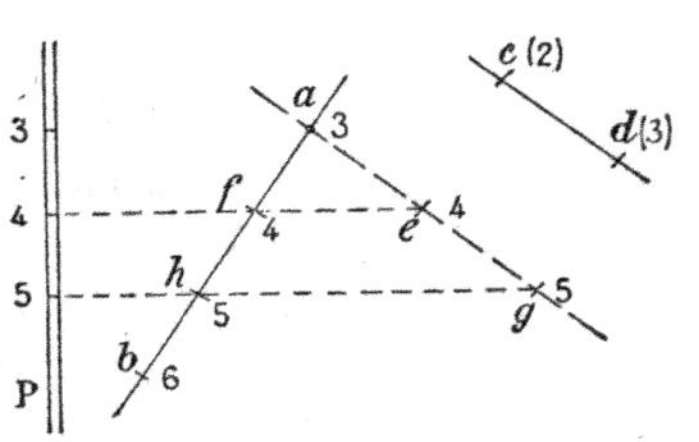

Fig. 209

REMARQUE. — Si les deux droites données sont parallèles entre elles, tout plan passant par la première est parallèle à la deuxième.

167. Problème. — *Mener par un point un plan parallèle à deux droites données.*

Soit à mener par le point o(2) le plan parallèle aux deux droites a(5) b(6) et c(3) d(4) (*fig.* 210) ; par le point o(2) menons les parallèles o(2) e(3) et o(2) f(3) aux deux droites données (149) et graduons ces parallèles ; le plan o(2) e(3) f(3) est le plan demandé. En construisant les projections *ef*, *gh* des horizontales de cotes 3 et 4 de ce plan, on en déduit aisément une échelle de pente P.

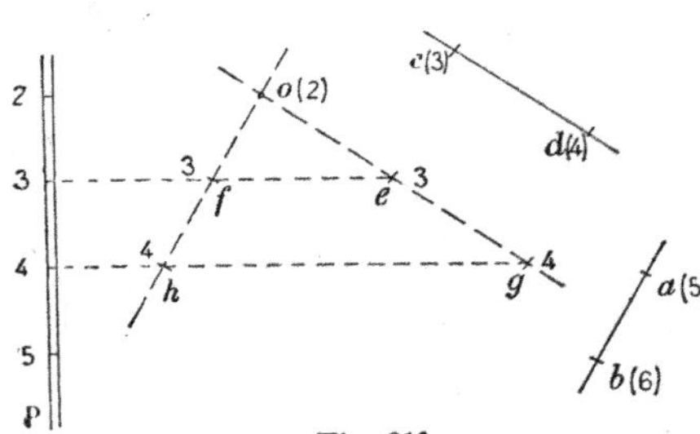

Fig. 210

168. Problème. — *Mener par deux droites données deux plans parallèles entre eux.* Il suffit de mener par chacune des deux droites un plan parallèle à l'autre (167).

EXERCICES

1. Connaissant les projections des quatre sommets d'un quadrilatère plan et les cotes de trois d'entre eux, trouver la cote du quatrième.

2. Mener par un point donné une droite de pente donnée rencontrant une autre droite donnée.

3. Mener par un point donné une droite parallèle à un plan donné, connaissant la projection de cette droite.

4. Mener par un point donné une droite de pente donnée parallèle à un plan donné.

5. Mener par un point un plan de pente donnée parallèle à une direction donnée.

6. Construire l'échelle de pente du plan symétrique d'un plan donné par rapport au plan de comparaison.

7. Reconnaître si une droite définie par sa projection graduée et un plan défini par son échelle de pente sont parallèles.

CHAPITRE III

INTERSECTION DE DROITES ET DE PLANS

§ I.

Intersection de deux plans.

169. **Problème.** — *Déterminer la droite d'intersection d'un plan quelconque avec un plan horizontal.*

L'intersection est évidemment l'horizontale du premier plan ayant pour cote la cote du plan horizontal donné.

170. **Problème.** — *Déterminer la droite d'intersection d'un plan quelconque avec un plan vertical.*

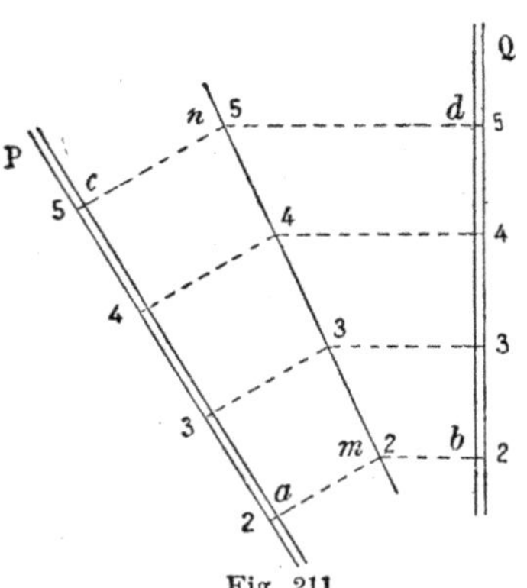

Fig. 211

Ce problème a déjà été traité dans le chapitre précédent (158, Rem.).

171. **Problème.** — *Déterminer l'intersection de deux plans quelconques, définis chacun par une échelle de pente.*

Nous appliquerons la méthode générale développée pour résoudre le problème général de l'intersection de deux plans en géométrie descriptive (93), et nous emploierons générale-ment comme plans auxiliaires des plans horizontaux.

Soient P et Q les deux plans donnés (*fig.* 211). Le plan hori-zontal de cote 2, par exemple, coupe ces plans suivant les horizontales projetées en *am* et *bm*, qui se rencontrent au point *m*(2) de l'intersection cherchée. De même le plan horizontal de cote 5 donne un deuxième point *n*(5) de cette intersection, qui est alors la droite *m*(2) *n*(5).

Les plans horizontaux pris comme plans auxiliaires étant complètement arbitraires, et l'intersection des deux plans étant une droite unique, les projections de tous les couples d'horizontales de même cote des deux plans donnés concourent sur la droite *mn*, projection de leur intersection.

La construction très simple que nous venons d'indiquer tombe en défaut lorsque les projections des horizontales de même cote des deux plans ne se rencontrent pas dans les limites de l'épure; on est alors contraint d'employer des plans auxiliaires non horizontaux.

Soient par exemple P et Q les deux plans donnés (*fig.* 212); prenons dans l'espace deux horizontales quelconques AB et CD de cotes 3 et 4, parallèles entre elles, et telles que leurs projections horizontales

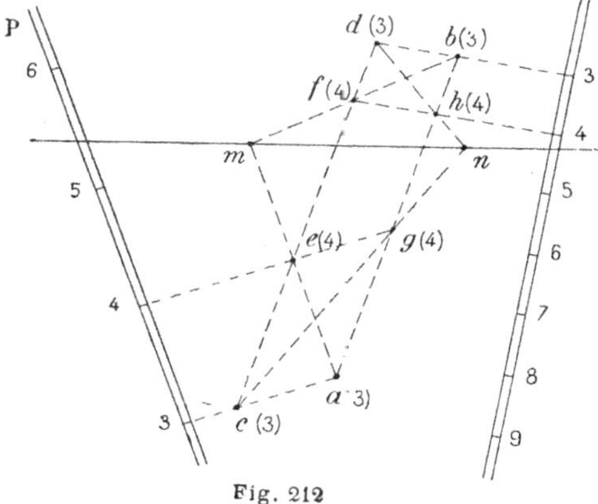

Fig. 212

ab et *cd* rencontrent dans les limites de l'épure les horizontales de mêmes cotes des deux plans. Le plan auxiliaire déterminé par ces horizontales coupe les plans P et Q respectivement suivant les droites *a*(3) *e*(4) et *b*(3) *f*(4), qu'on détermine comme plus haut, et ces droites se coupent en un point projeté en *m*, appartenant à l'intersection cherchée. Considérons maintenant un deuxième plan auxiliaire défini par les horizontales parallèles AB de cote 4 et CD de cote 3 qui ont mêmes projections que les horizontales définissant le premier plan auxiliaire, mais dont les cotes ont été permutées; ce deuxième plan auxiliaire coupe les plans donnés respectivement suivant les droites *c*(3) *g*(4) et *d*(3) *h*(4) qui se rencontrent en un point projeté en *n*, appartenant également a l'intersection cherchée. La projection de cette intersection est donc la droite *mn*, qu'on graduera en la considérant comme appartenant à l'un des plans P ou Q.

172. Cas particulier. — *Les échelles de pente des deux plans sont parallèles.*

Dans ce cas, les horizontales des deux plans sont parallèles, et cette remarque permet de voir déjà que l'intersection cherchée est une horizontale commune aux deux plans; pour la construire il suffit alors d'en déterminer un point. Pour cela, on pourrait appliquer la méthode générale en employant, comme dans le problème précédent, un plan auxiliaire défini par deux horizontales quelconques. Il existe un autre procédé, que nous allons indiquer, après avoir établi le lemme suivant:

Les projections des horizontales qui s'appuient sur deux droites dont les projections sont parallèles, concourent en un même point (2).

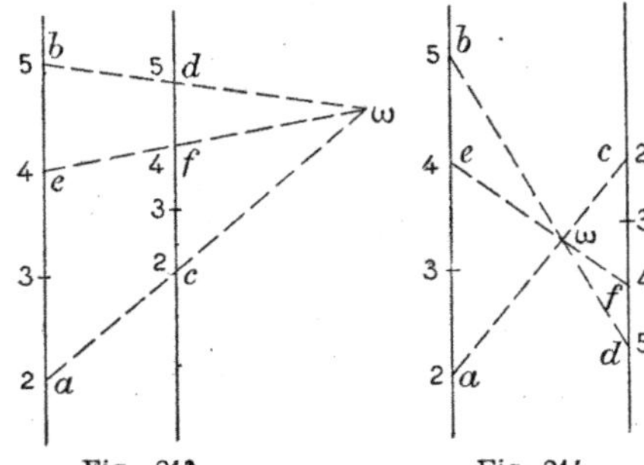

Soient $a(2)$ $b(5)$ et $c(2)$ $d(5)$ deux droites dont les projections horizontales sont parallèles (*fig.* 213 et 214); désignons les intervalles de ces deux droites par i et i'. Les projections ac et bd des horizontales de cotes 2 et 5 s'appuyant sur les droites données se coupent en un point ω tel que l'on ait

$$\frac{\omega a}{\omega c} = \frac{ab}{cd}.$$

Fig. 213   Fig. 214

Or, $ab = 3i$, $cd = 3i'$, et la relation précédente s'écrit

$$\frac{\omega a}{\omega c} = \frac{3i}{3i'} = \frac{i}{i'}. \tag{1}$$

Soit de même ω' le point de concours des projections ac et ef des horizontales de cotes 2 et 4 s'appuyant sur les droites ; on a, de la même manière,

$$\frac{\omega' a}{\omega' c} = \frac{2i}{2i'} = \frac{i}{i'} ; \tag{2}$$

d'où en comparant les proportions (1) et (2),

$$\frac{\omega a}{\omega c} = \frac{\omega' a}{\omega' c} = \frac{i}{i'}.$$

Or, il est évident que les points ω et ω' sont *tous deux à l'inté-*

rieur de l'intervalle des droites *ab* et *cd* ou *tous deux en dehors* de cet intervalle, suivant que les cotes croissent dans le même sens ou en sens inverses sur ces droites ; comme, en outre, ces points divisent le segment *ac* dans le même rapport $\dfrac{i}{i'}$, ils coïncident nécessairement. Ainsi les projections de toutes les horizontales s'appuyant sur les deux droites rencontrent la projection *ac* de l'une quelconque d'entre elles au même point ω, ce qui démontre le lemme proposé,

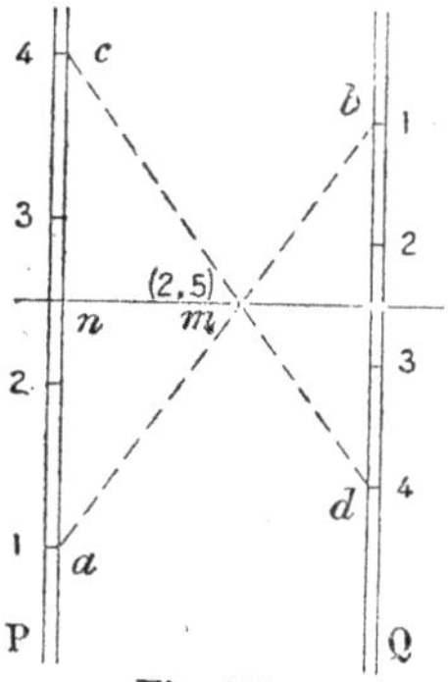

Soient alors P et Q deux plans dont les échelles de pente sont parallèles (*fig.* 215). Les lignes de plus grande pente AB et CD des deux plans choisies pour définir ces plans ayant, par hypothèse, leurs projections parallèles, les projections des horizontales s'appuyant sur ces droites concourent, d'après le lemme précédent, en un point *m*, qu'on détermine en traçant les projections *ab* et *cd* de deux d'entre elles. Or, puisque la droite d'inter-

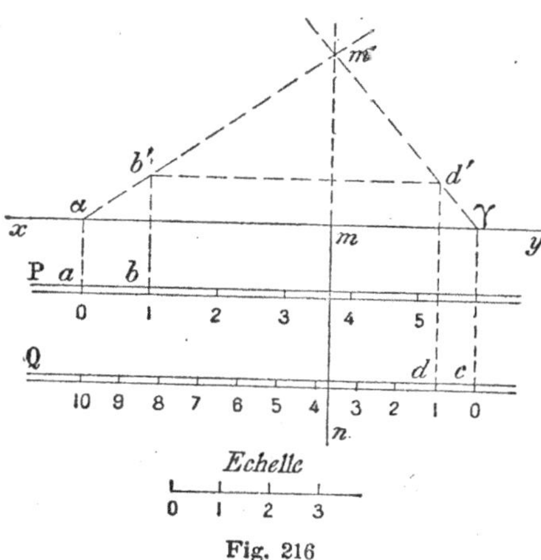

Fig. 215

section cherchée est une horizontale commune aux deux plans donnés, elle rencontre les lignes de plus grande pente AB et CD et sa projection passe alors par *m* ; c'est donc la perpendiculaire *mn* aux échelles de pente données. On détermine la cote de cette horizontale en cherchant, par exemple, la cote du point N où elle rencontre la ligne de plus grande pente AB du plan P. Dans notre épure, cette cote est environ 2,5.

Fig. 216

AUTRE MÉTHODE. — Prenons un plan vertical *xy* perpendiculaire à la direction commune des horizontales des plans P et Q (*xy* parallèle aux échelles de pente) (*fig.* 216).

Dans le système des deux plans de projection défini par le plan de comparaison et le plan vertical xy, les plans donnés deviennent des plans de bout, dont il est facile (161) de déterminer les traces verticales $\alpha b'$ et $\gamma d'$; l'intersection de ces plans est la droite de bout dont la trace verticale est le point m', où se coupent leurs traces verticales ; sa projection horizontale mn est dirigée suivant la ligne de rappel du point m' et sa cote est égale au segment mm' mesuré à l'échelle du dessin.

§ II.

Intersection d'une droite et d'un plan.

173. On emploie la méthode générale indiquée dans la première partie (106) : on fait passer par la droite donnée un plan auxiliaire qui coupe le plan donné suivant une droite, laquelle rencontre la droite donnée au point cherché. Généralement, pour achever de définir le plan auxiliaire, on se donne, arbitrairement d'ailleurs, la direction de ses horizontales.

Soit à chercher le point d'intersection de la droite graduée AB avec le plan P défini par une échelle de pente (*fig.* 217). Prenons comme plan auxiliaire le plan passant par la droite donnée et parallèle aux horizontales de direction ac. On obtient la droite d'intersection $c(3)$ $d(6)$ de ce plan avec le plan donné par la méthode générale (171) ; cette droite rencontre AB au point cherché M projeté à l'intersection m de ab et de cd ; la cote de ce point se trouve par les procédés connus,

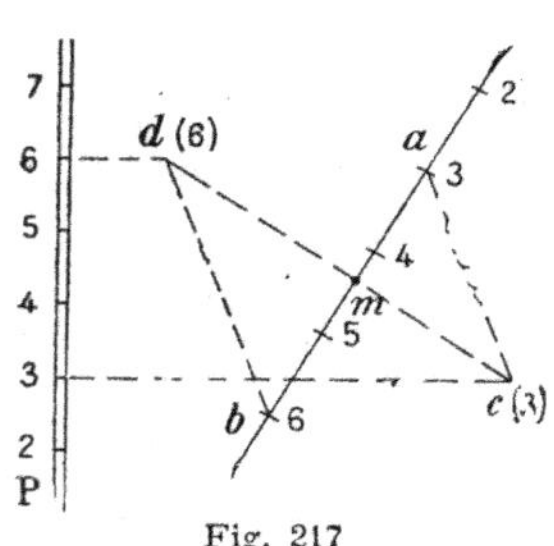

Fig. 217

en le considérant soit comme appartenant à la droite AB ou à la droite CD, soit comme appartenant au plan P.

On peut toujours choisir la direction des horizontales du plan auxiliaire de manière que les constructions ne sortent pas des limites de l'épure.

174. **Cas particuliers.** — 1° *La droite donnée est verticale.* Nous avons traité ce problème dans le chapitre précédent (156, Rem.).

2° *La droite donnée est horizontale.* Le point cherché est le point de rencontre de l'horizontale donnée avec l'horizontale de même cote du plan.

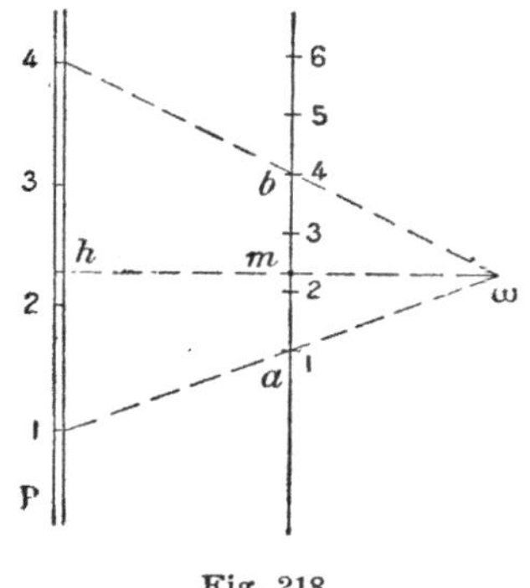

Fig. 218

3° *La projection de la droite est parallèle à l'échelle de pente du plan.*

Soit à chercher le point de rencontre de la droite $a(1)$ $b(4)$ avec le plan P (*fig.* 218), *ab* étant parallèle à l'échelle de pente du plan. Prenons comme plan auxiliaire le plan dont la droite donnée AB est une ligne de plus grande pente; ce plan coupe le plan donné suivant une horizontale dont nous savons trouver la projection ωh (172), et cette horizontale rencontre la droite AB au point cherché M, projeté à l'intersection de *ab* et de ωh ; la cote de ce point s'obtient encore en le considérant soit comme appartenant à la droite donnée, soit comme appartenant au plan donné.

§ III.

Problèmes relatifs à la droite et au plan.

175. Nous allons reprendre les problèmes traités dans la première partie (chapitre IV, § IV) en suivant intégralement les solutions géométriques que nous avons exposées en résolvant une première fois ces problèmes.

176. Problème. — *Mener par un point une droite s'appuyant sur deux droites données.*

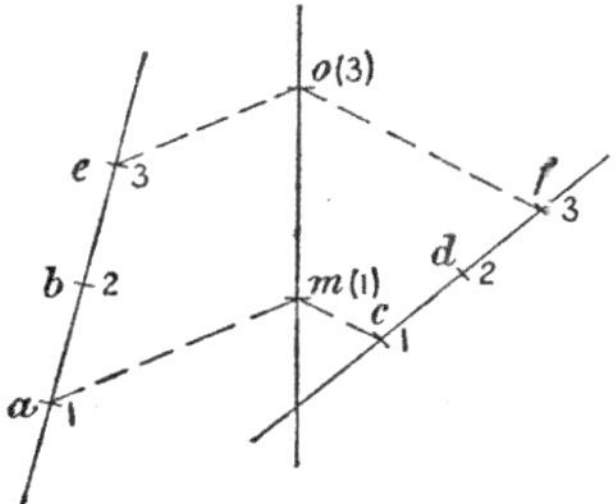

Fig. 219

Soit à mener par le point $o(3)$ une droite s'appuyant sur les droites $a(1)$ $b(2)$ et $c(1)$ $d(2)$ (*fig.* 219 et 220).

PREMIÈRE MÉTHODE. — La droite cherchée est à l'intersection des plans OAB et OCD (*fig.* 219).

Si on marque sur *ab* et *cd* les projections *e* et *f* des points de cote 3 des droites données, *oe* et *of* sont respectivement les direc tions des horizontales des plans OAB et OCD. On peut alors tracer les projections *am* et *cm* des horizontales de cote 1 de chacun de ces plans, horizontales qui se coupent en un point *m* (1) appartenant à l'intersection cherchée ; le point *o*(3) étant un autre point de cette intersection, la droite demandée est *o*(3) *m*(1). On vérifie l'exactitude des constructions en s'assurant (150) que cette droite coupe chacune des droites données.

Deuxième méthode. — Un deuxième point de la droite cherchée est le point N où la droite CD rencontre le plan OAB.

Marquons encore sur *ab* la projection *e* du point de cote 3 de

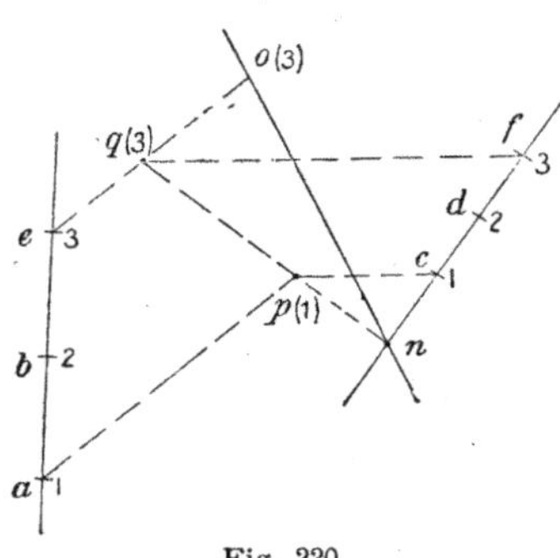

Fig. 220

la droite AB (*fig.* 220), de façon à avoir la direction *oe* des horizontales du plan OAB, et par la droite CD faisons passer un plan auxiliaire défini par cette droite et la direction *cp* de ses horizontales. On détermine par le procédé général (171) la droite d'intersection *p*(1) *q*(3) de ce plan auxiliaire avec le plan AOB ; cette droite rencontre CD au point N projeté en *n*, à l'intersection de *cd* et de *pq*

point dont la cote s'obtient en le considérant comme appartenant à l'une ou l'autre des droites CD ou PQ ; ON est la droite cherchée. On vérifie l'exactitude des constructions en s'assurant (150) que cette droite rencontre AB.

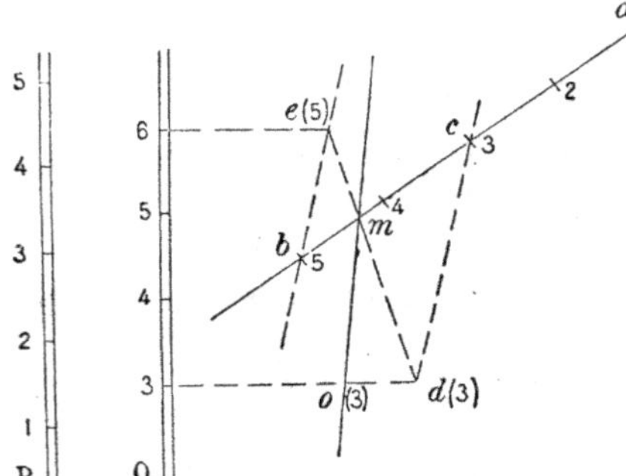

Fig. 221

177. Problème. — *Mener par un point une droite parallèle à un plan donné et s'appuyant sur une droite donnée.*

Soit à mener par le point *o*(3) une droite parallèle au plan P défini par une échelle de pente (*fig.* 221 et 222), et s'appuyant sur la droite *a*(1) *b*(5).

Première méthode. — Menons (165) par le point *o* (3) le plan

Q parallèle au plan donné (*fig.* 221), et cherchons le point d'intersection de la droite donnée AB avec ce plan Q. Pour cela, par la droite AB faisons passer un plan auxiliaire défini par AB et la direction *cd* de ses horizontales, et déterminons (171) la droite d'intersection $d(3)$ $e(5)$ de ce plan auxiliaire avec le plan Q ; cette droite rencontre AB au point cherché M, projeté en *m* à l'intersection de *de* et de *ab,* point dont la cote s'obtient en le considérant soit comme appartenant à l'une ou l'autre des droites AB ou DE, soit comme appartenant au plan Q. La droite OM est la droite demandée ; en effet, elle passe par le point O, rencontre AB au point M, et elle est parallèle au plan P, puisqu'elle est contenue dans le plan Q parallèle à P.

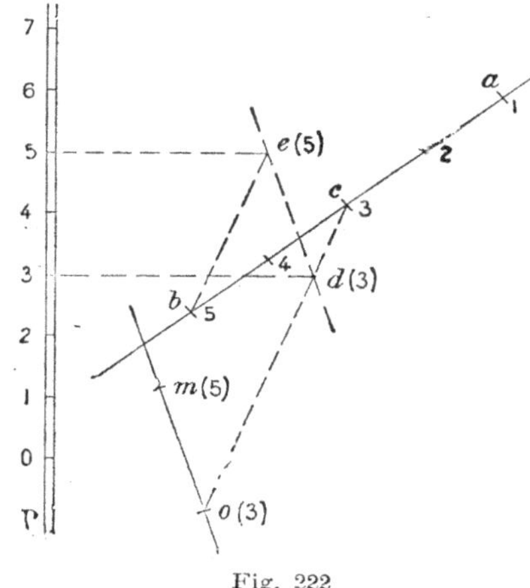

Fig. 222

DEUXIÈME MÉTHODE. — Considérons le plan OAB déterminé par le point et la droite données (*fig.* 222), plan dont les horizontales sont parallèles à la direction *oc,* et déterminons (173) l'intersection $d(3)$ $e(5)$ de ce plan avec le plan donné P, puis par le point $o(3)$, menons la droite $o(3)$ $m(5)$ parallèle à l'intersection trouvée (*om* égal et parallèle à *de* et de même sens). La droite OM est la droite cherchée ; en effet, elle passe par le point O, elle est parallèle à une droite DE du plan P, et elle rencontre AB, puisqu'elle appartient au plan AOB qui contient également cette droite.

178. Problème. — *Mener une droite de direction donnée s'appuyant sur deux droites données.*

Soit à mener une droite parallèle à $e(1)$ $f(2)$ s'appuyant sur les droites $a(1)$ $b(4)$ et $c(1)$ $d(4)$ (*fig.* 223 et 224).

PREMIÈRE MÉTHODE. — La droite cherchée est à l'intersection des plans P et Q menés respectivement par les droites AB et CD parallèlement à EF (*fig.* 223). Construisons les segments *ag* et *ci* égaux et parallèles à *ef* et de même sens ; les droites $a(1)$ $g(2)$ et $c(1)$ $i(2)$ sont parallèles à $e(1)$ $f(2)$ (149), et les plans

P et Q sont respectivement les plans ABG, CDI. Les horizontales de cote 2 de ces deux plans, qui sont projetées suivant gh et ij se coupent au point $k(2)$, qui est un point de l'intersection cherchée ; cette intersection est donc la parallèle $k(2)$ $l(3)$ à $e(1)$ $f(2)$ (kl égal et parallèle à ef et de même sens). On vérifie l'exactitude des constructions en s'assurant que la droite KL rencontre les deux droites données AB et CD (150).

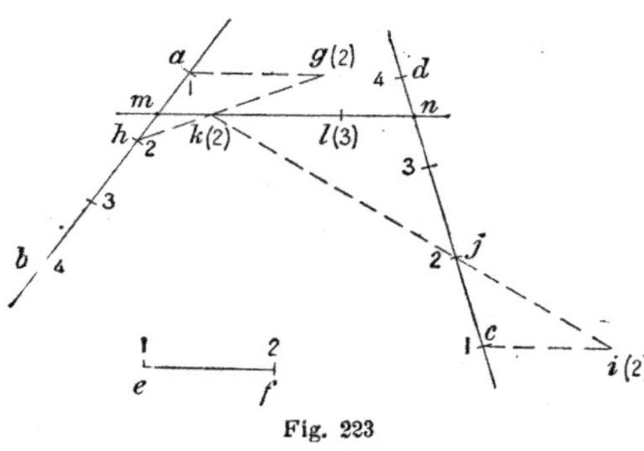

Fig. 223

DEUXIÈME MÉTHODE. — Soit $a(1)$ $g(2)$ la droite parallèle à $e(1)$ $f(2)$, menée par le point A de la droite AB (*fig. 224*) ; le plan GAB est le plan mené par AB parallèlement à EF. Cherchons le point d'intersection de ce plan avec la droite CD, et pour cela considérons le plan auxiliaire passant par CD et dont les horizontales sont parallèles à di. Ce plan coupe le plan AGB suivant

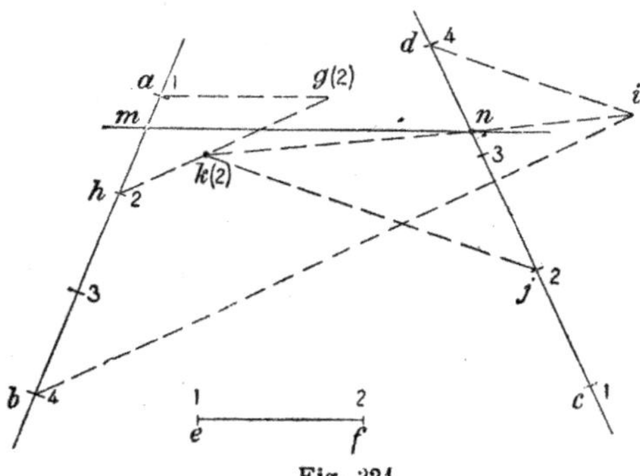

Fig. 224

la droite $k(2)$ $i(4)$, laquelle rencontre CD au point cherché N, projeté en n à l'intersection de ki et cd, point dont la cote s'obtient en le considérant comme appartenant à la droite CD ou à la droite KI. La droite cherchée est ensuite la parallèle NM menée par le point N à EF ; en effet, cette droite rencontre CD en N, est parallèle à EF par construction, et elle rencontre en outre la droite AB, puisqu'elle appartient au plan GAB qui contient également AB.

EXERCICES

1. Construire un tétraèdre connaissant les projections cotées d'un point de chaque arête.

2. Construire une droite rencontrant trois droites données (infinité de solutions).

3. Mener par un point une droite rencontrant une verticale et une droite données.

4. Construire une droite parallèle à deux plans donnés et rencontrant deux droites données.

5. Mener une horizontale de longueur donnée rencontrant une horizontale et une droite données.

CHAPITRE IV

DROITES ET PLANS PERPENDICULAIRES

---

§ I.

Droite et plan perpendiculaires.

179. Théorème. — *Pour qu'une droite soit perpendiculaire à un plan défini par une échelle de pente, il faut et il suffit : 1° que la projection de la droite soit parallèle à l'échelle de pente du plan ; 2° que les intervalles de la droite et du plan soient inverses l'un de l'autre ; 3° que les cotes marquées sur la projection de la droite et sur l'échelle de pente du plan, croissent en sens contraires.*

1° *Les conditions sont nécessaires.* Soit, en effet, une droite AB perpendiculaire au plan P, qu'elle rencontre au point B (*fig.* 225).

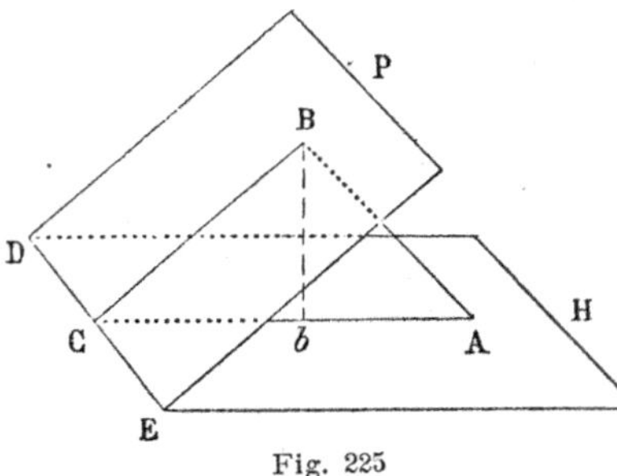

Fig. 225

Menons par ce point la ligne de plus grande pente BC du plan P. La droite AB est, par définition, perpendiculaire à toutes les droites du plan P, et, en particulier, perpendiculaire à sa trace horizontale DE ; la ligne de plus grande pente BC étant également perpendiculaire à DE (134), il en est de même du plan ABC, qui contient deux droites perpendiculaires à DE. Ce plan est donc un plan vertical, et sa trace horizontale AC est la projection horizontale commune aux deux droites AB et BC. Comme les projections de toutes les lignes de plus grande pente d'un plan sont parallèles entre elles, il en résulte que la projection de la perpendiculaire AB au plan P est parallèle à toute échelle de pente du plan.

De plus, AB, perpendiculaire à toutes les droites du plan P, est, en particulier, perpendiculaire à la ligne de plus grande pente BC, autrement dit le triangle ABC est rectangle en B. D'autre part, la pente du plan et la pente de la droite AB sont respectivement $\mathrm{tg}\,\widehat{BCA}$ et $\mathrm{tg}\,\widehat{BAC}$; mais les angles $\widehat{BCA}$ et $\widehat{BAC}$, étant les angles aigus du triangle rectangle ABC, sont complémentaires et l'on a

$$\mathrm{tg}\,\widehat{BCA} = \frac{1}{\mathrm{tg}\,\widehat{BAC}},$$

ce qui prouve que la pente du plan P et celle de la droite AB sont inverses l'une de l'autre : il en résulte immédiatement que les intervalles du plan et de la droite AB sont aussi inverses l'un de l'autre.

La verticale Bb étant la hauteur du triangle rectangle ABC coupe l'hypoténuse AC entre les sommets A et C. En supposant qu'on ait choisi comme échelle de pente du plan P la projection de la ligne de plus grande pente BC, et en supposant également que le point B ait une cote positive, comme les cotes des points A et C sont nulles, on voit que les cotes iront en croissant sur l'échelle de pente de C vers b, tandis que sur la projection de la droite AB elles croîtront de A vers b, c'est-à-dire en sens contraire. On arrive aux mêmes conclusions si la cote du point B est négative.

2° *Les conditions sont suffisantes.* En effet, soit AB une droite dont la projection est parallèle aux échelles de pente du plan P, les cotes croissant en sens contraires sur la projection de la droite et sur les échelles de pente du plan, les intervalles de la droite et du plan étant en outre inverses l'un de l'autre. De la première hypothèse il résulte que la projection Ab de la droite AB est perpendiculaire à la trace horizontale DE du plan P ; par suite, le plan vertical ABb projetant horizontalement AB est perpendiculaire à DE et coupe le plan P suivant une ligne de plus grande pente BC ; si l'on prend cette projection comme échelle de pente du plan, elle coïncide alors avec la projection de la droite AB. Les droites AB et BC qui sont dans un même plan ne sont pas parallèles, puisque leurs graduations sont de sens contraires ; donc elles se coupent en un point B, qui est aussi le point d'intersection de la droite AB et du plan P. En outre, si on désigne par b la projection du point B et par A et C les traces horizontales des droites AB et BC, il faut nécessairement que les points A et C soient de part et d'autre du point b, car s'ils étaient d'un même côté par rapport à b, les graduations des droites AB et BC seraient de même sens. Il résulte de cette remarque que les demi-droites BA et BC sont de part et d'autre de la verticale Bb ; par suite les angles BAC et BCA sont aigus, et leurs tangentes sont respectivement les pentes de la droite AB et du plan P. Comme d'autre part les intervalles du plan et de la droite sont inverses l'un de l'autre, il en est de même de leurs pentes, et l'on a $\operatorname{tg} \widehat{BAC} = \dfrac{1}{\operatorname{tg} \widehat{BCA}}$; cela exige que les angles aigus BAC et BCA soient complémentaires, c'est-à-dire que le triangle ABC soit rectangle en B. La droite AB est donc perpendiculaire à BC ; elle est également perpendiculaire à DE, comme appartenant au plan ABC perpendiculaire à DE ; donc elle est perpendiculaire au plan des deux droites AB et DE, c'est-à-dire au plan P.

REMARQUE. — Il est bien évident que cette démonstration suppose que le plan P n'est ni vertical, ni horizontal.

Si le plan P est vertical, toute perpendiculaire à ce plan est une horizontale dont la projection est perpendiculaire à la trace horizontale du plan, et réciproquement toute horizontale dont la projection est perpendiculaire à la trace horizontale d'un plan vertical est une droite perpendiculaire à ce plan.

Si le plan P est horizontal, toute verticale est perpendiculaire à ce plan.

180. Problème. — *Étant donné l'intervalle d'un plan, construire l'intervalle d'une droite perpendiculaire à ce plan.*

Soit, par exemple, ab l'intervalle du plan (*fig.* 226).

D'après le théorème précédent, l'intervalle de toute droite perpendiculaire à ce plan est $\dfrac{1}{ab}$. Élevons en b la perpendiculaire à ab sur laquelle nous portons une longueur bd égale à une unité de l'échelle du dessin, et menons en d la perpendiculaire à ad, limitée au point c où elle rencontre le prolongement de ab. Dans le triangle rectangle adc, dont la hauteur est bd, on a

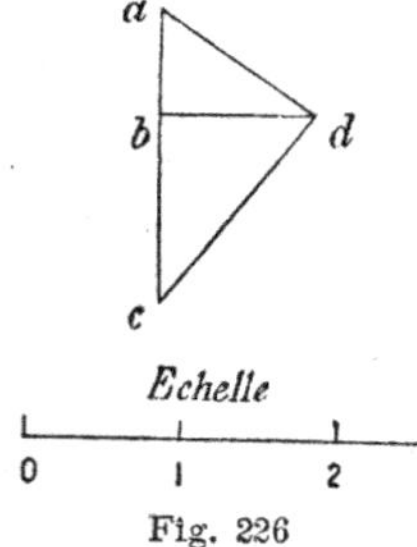

Fig. 226

$$bd^2 = ab \times bc,$$

ou

$$1 = ab \times bc ;$$

d'où

$$bc = \frac{1}{ab} ;$$

par suite bc est l'intervalle d'une perpendiculaire au plan.

Lorsque l'intervalle du plan est donné numériquement, on a de suite la valeur numérique de l'intervalle d'une perpendiculaire à ce plan, en prenant l'inverse de la valeur donnée, ce qui revient à prendre pour intervalle de la perpendiculaire la pente du plan. Ainsi l'intervalle des perpendiculaires à un plan de pente $\frac{3}{2}$ est $\frac{3}{2}$

REMARQUE. — Il est bien évident que si on se donne l'intervalle ab d'une droite, on trouve d'une manière *identique* l'intervalle bc d'un plan perpendiculaire à cette droite.

181. Problème. — *Abaisser d'un point donné la perpendiculaire sur un plan donné.*

Soit à abaisser du point $m(5,6)$ la perpendiculaire sur le plan P défini par une échelle de pente (*fig.* 227).

PREMIÈRE MÉTHODE. — D'abord, on peut construire immédiatement l'intervalle bc de la perpendiculaire cherchée (180) ; en outre, puisque la projection de cette perpendiculaire doit être parallèle à l'échelle de pente du plan, si on construit le segment mn égal et parallèle à bc, dirigé dans le sens des cotes croissantes sur P, la perpendiculaire demandée est (179) la droite $m(5,6)$ $n(4,6)$.

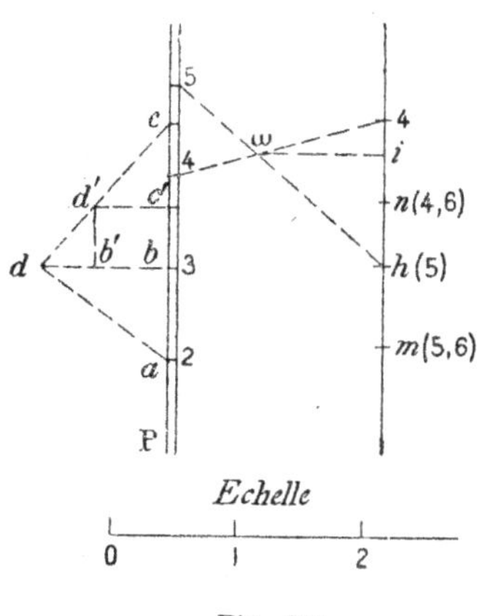

Fig. 227.

Pour obtenir le pied de la perpendiculaire MN ainsi déterminée, c'est-à-dire le point où elle perce le plan P, il faut d'abord graduer sa projection mn. La projection du point de cote 5 sur cette droite est à une distance de la projection m du point $m(5,6)$ égale aux $\frac{6}{10}$ de l'intervalle de la droite ; portons alors sur bd une longueur bb' égale aux $\frac{6}{10}$ de l'unité de l'échelle, menons $b'd'$ parallèle à bc en limitant cette parallèle au point d' où elle rencontre dc, puis projetons d' en c' sur bc ; à cause de la similitude des triangles rectangles $cc'd'$ et cbd, on a $\dfrac{c'c}{bc} = \dfrac{bb'}{bd} = \dfrac{6}{10}$, d'où $cc' = \dfrac{6}{10}\,bc$; par suite, en portant sur mn, dans le sens des cotes décroissantes, le segment $mh = cc'$, on a le point $h(5)$ de la perpendiculaire MN au plan. Lorsqu'on connaît l'intervalle de la droite MN et le sens dans lequel les cotes croissent sur sa projection, il est ensuite facile de la graduer. Cela fait, pour déterminer son point d'intersection avec le plan P, on cherche (174) le point de concours ω des projections des horizontales s'appuyant sur MN et sur la ligne de plus grande pente du plan projetée suivant l'échelle de pente donnée, puis on abaisse la perpendiculaire ωi sur mn ; le pied de la perpendiculaire MN est le point I projeté en i et on obtient sa cote en le considérant comme appartenant soit au plan P, soit à la perpendiculaire MN.

DEUXIÈME MÉTHODE. — Soit xy la parallèle menée par m à l'échelle de pente du plan (*fig.* 228) ; c'est la projection horizontale de la perpendiculaire cherchée (179). Considérons alors le système de deux plans de projection défini par le plan horizontal de cote 2 et le plan vertical xy ; dans ce système, le plan P est un plan de bout dont on obtient aisément la trace verticale (161) en

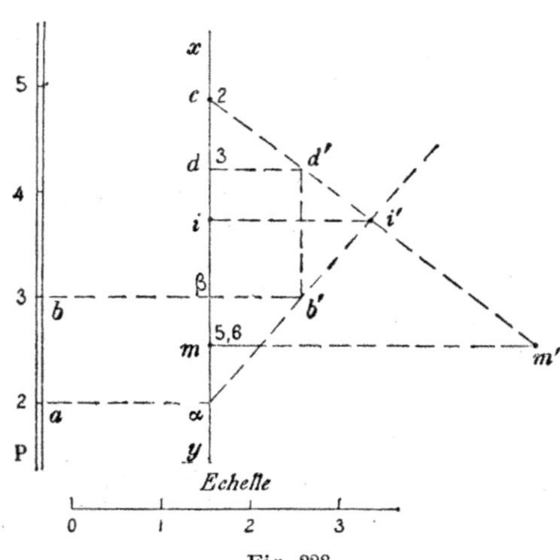

Fig. 228

joignant les traces verticales α et b' ($\beta b' = 1$ unité de l'échelle) des horizontales de cotes 2 et 3 du plan ; on obtient de même la projection verticale m' du point donné en portant sur la perpendiculaire élevée en m à xy, du même coté que b' une longueur $mm' = 3,6$. La perpendiculaire abaissée du point (m, m') sur le plan se projette verticalement (123) suivant la perpendiculaire $m'i'$ abaissée de m' sur sa trace verticale $\alpha b'$; marquons le point i' où se coupent $m'i'$ et $\alpha b'$ et rappelons ce point en i sur xy ; $(i. i')$ est le pied de la perpendiculaire demandée (123), et sa cote est $2 + ii'$.

Il est facile de graduer la projection horizontale de la perpendiculaire MI qu'on vient d'obtenir. D'abord, le point c où $m'i'$ rencontre xy est la projection du point de cote 2 de cette perpendiculaire ; le point de cote 3 se projette verticalement en d' à l'intersection de $m'i'$ et de la parallèle à xy menée par b', puisque, par construction, $\beta b' = 1$ unité de l'échelle ; on en déduit sa projection horizontale d par une ligne de rappel.

Les projections des autres points de cotes rondes s'obtiennent ensuite aisément.

REMARQUE. — Nous avons vu dans la première partie (123) que le segment $m'i'$, mesuré à l'échelle du dessin, donne la distance du point (m, m') au plan P ; aussi cette deuxième méthode est-elle surtout avantageuse lorsqu'on a besoin de connaître en même temps que la perpendiculaire abaissée d'un point sur un plan, la distance du point au plan.

182. Cas particuliers. — 1° *Le plan donné est un plan vertical.*

Soit à abaisser du point $m(3,6)$ la perpendiculaire sur le plan

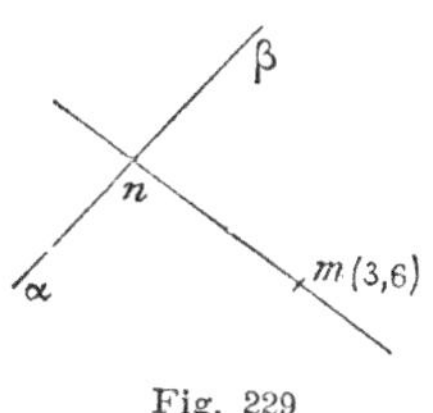

vertical dont la trace horizontale est $\alpha\beta$ (*fig.* 229). Cette perpendiculaire est l'horizontale ayant même cote que le point donné, 3,6, et dont la projection (179, Rem.) est la perpendiculaire mn abaissée de m sur $\alpha\beta$. Le pied de la perpendiculaire est le point N projeté au point n où mn rencontre $\alpha\beta$.

Fig. 229

2° *Le plan donné est horizontal.*

Soit à abaisser du point $m(5,4)$ la perpendiculaire sur le plan horizontal de cote 3,2 (*fig.* 230). Cette perpendiculaire est la verticale du point donné M (179, Rem.) et son pied est le point N dont la projection n est confondue avec celle du point donné, et dont la cote est égale à celle du plan horizontal, 3,2.

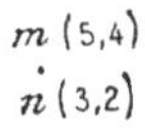

Fig. 230

183. Problème. — *Mener par un point donné le plan perpendiculaire à une droite donnée.*

Soit à mener par le point $m(2,5)$ le plan perpendiculaire à la droite AB dont on connaît la projection graduée ab (*fig.* 231).

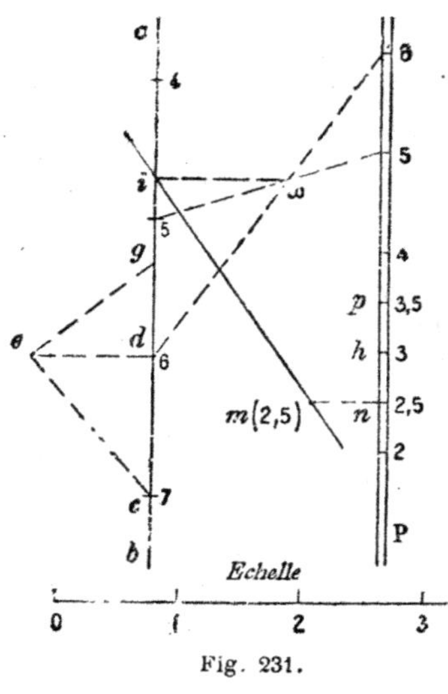

Fig. 231.

D'abord, on peut construire de suite (180) l'intervalle dg du plan cherché et tracer une droite P, parallèle à $ab,$ qu'on prendra comme échelle de pente du plan, après l'avoir graduée.

L'horizontale passant par le point donné M, dans le plan cherché, se projette suivant la perpendiculaire mn à P, et elle rencontre la ligne de plus grande pente projetée en P au point $n(2,5)$; en portant alors sur P le segment $np = dg,$ dans le sens où les cotes croissent sur la droite ab, on obtient un deuxième point $p(3,5)$ de la ligne de plus grande pente choisie pour définir le plan, de sorte que ce plan est maintenant complètement déterminé.

Pour trouver le point d'intersection du plan P et de la droite donnée, il faut d'abord graduer l'échelle de pente du plan. Or il est évident que le point $h,$ milieu du segment np doit être affecté de la cote 3; dès lors, la graduation s'achève aisément, puisqu'on connaît le module du plan et le sens dans lequel les cotes croissent sur l'échelle de pente. Le point I où la droite perce le plan P s'obtient ensuite en appliquant intégralement la construction indiquée au n° 174.

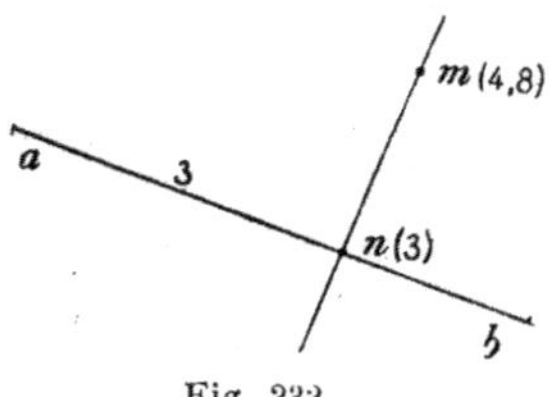

Fig. 232

184. Cas particuliers. — 1° *La droite donnée est horizontale.*

Soit à mener par le point $m(4,8)$ le plan perpendiculaire à l'horizontale $ab(3)$ (*fig.* 232). Le plan cherché est le plan vertical dont la trace horizontale est la perpendiculaire mn abaissée du point m sur la projection de l'horizontale donnée (179, Rem.). Ce plan rencontre l'horizontale au point N, projeté en *n*, à l'intersection de *mn* et de *ab*, et la cote de ce point est évidemment celle de l'horizontale, 3.

2° *La droite donnée est verticale.*

Le plan cherché est le plan horizontal ayant même cote que le point donné.

185. Problème. — *Abaisser d'un point une perpendiculaire sur une droite donnée.*

Soit, par exemple, à abaisser du point $m(2,5)$ la perpendiculaire à la droite AB définie par sa projection graduée *ab* (*fig.* 231). On construit d'abord le plan P mené par M perpendiculairement à AB, et on cherche le point I où ce plan rencontre la droite AB (183) ; la droite cherchée est MI.

186. Cas particuliers. — 1° *La droite donnée est horizontale.*

Soit à abaisser du point $m(4,8)$ la perpendiculaire sur l'horizontale *ab*(3) (*fig.* 232). Cette perpendiculaire forme avec l'horizontale donnée un angle droit dont un coté est parallèle au plan de projection, et qui se projette par conséquent suivant un angle droit. Il en résulte que la perpendiculaire cherchée est la droite $m(4,8)$ $n(3)$ dont la projection est la perpendiculaire abaissée de *m* sur *ab*.

2° *La droite donnée est verticale.*

Soit à abaisser du point $m(3,8)$ la perpendiculaire sur la verticale dont la trace horizontale est *o* (*fig.* 233). Cette perpendiculaire est l'horizontale de cote 3,8, dont la projection est *om*.

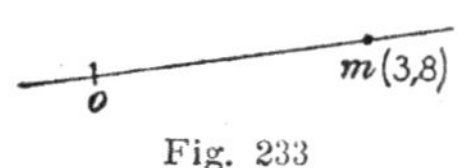

Fig. 233

187. Problème. — *Mener par une droite donnée le plan perpendiculaire à un plan donné.*

Nous avons déjà fait remarquer (126) que si la droite et le plan donnés sont perpendiculaires, tout plan passant par la droite répond à la question. Dans le cas contraire, le plan cherché est déterminé par la droite donnée

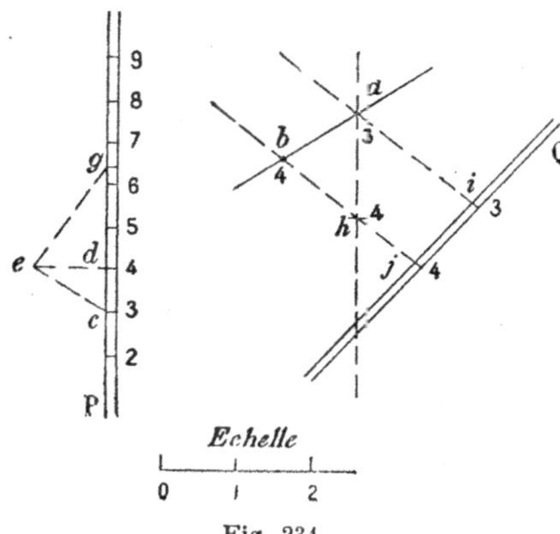

Fig. 231

et la perpendiculaire abaissée sur le plan donné par un point de cette droite.

Soit, par exemple, à mener par la droite $a(3)$ $b(4)$ le plan perpendiculaire au plan P défini par une échelle de pente (*fig.* 234). Construisons d'abord l'intervalle dg, inverse de celui du plan (180), et par le point $a(3)$ menons la perpendiculaire $a(3)$ $h(4)$ à ce plan (181) ; le plan cherché est défini par les deux droites AB et AH. La direction des horizontales de ce plan est bh, et en construisant les projections de deux d'entre elles, à cotes rondes, on a immédiatement une échelle de pente Q.

§ II.

Perpendiculaire commune à deux droites.

188. Pour déterminer la perpendiculaire commune à deux droites, en géométrie cotée, on suit exactement la marche que nous avons indiquée pour résoudre le même problème dans la première partie (128) ; on détermine d'abord la direction de la

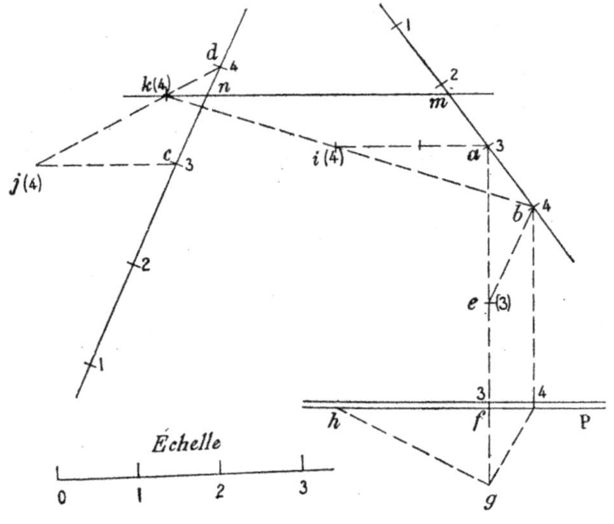

Fig, 235

perpendiculaire commune, qui est celle des perpendiculaires à un plan parallèle aux deux droites, et on est ensuite conduit à mener une droite parallèle à cette direction, s'appuyant sur les droites données, problème que nous avons traité au chapitre précédent (178).

Ainsi, soit à déterminer la perpendiculaire commune aux deux droites $a(3)\ b(4)$ et $c(3)\ d(4)$ (*fig.* 235). Menons la parallèle $b(4)\ e(3)$ à CD ; nous déterminons ainsi un plan ABE contenant AB, parallèle à CD, dont il est facile de construire une échelle de pente P.

Construisons en fh l'inverse de l'intervalle de ce plan (180) ; toute perpendiculaire au plan ABE se projette suivant une parallèle à P, son module est fh et les cotes vont en croissant sur sa projection dans le sens de f vers h. Par les points $a(3)$ et $c(3)$ on peut alors mener immédiatement les perpendiculaires $a(3)$ $i(4)$ et $c(3)\ j(4)$ au plan ABE ; ces droites sont parallèles à la perpendiculaire commune cherchée, et les plans ABI, CDJ sont les plans menés parallèlement à sa direction par les droites données ; les horizontales de cote 4 de ces deux plans se coupent au point $k(4)$ et leur intersection est la parallèle MN menée par ce point aux droites $a(3)\ i(4)$ et $c(3)\ j(4)$; c'est la perpendiculaire commune. Comme vérification, on s'assure qu'elle rencontre les deux droites données (150).

189. Cas particuliers. — 1° *L'une des droites est horizontale.*

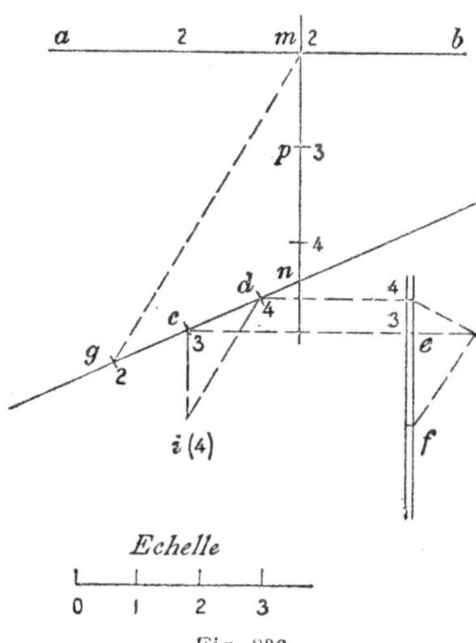

Fig. 236

Soit à construire la perpendiculaire à l'horizontale $ab(2)$ et à la droite $c(3)\ d(4)$ (*fig.* 236). En menant par le point $c(3)$ l'horizontale $ce(3)$ parallèle à AB, on obtient un plan DCE passant par CD et parallèle à AB, plan dont il est aisé de construire une échelle de pente P. Par le point $c(3)$ menons la perpendiculaire $c(3)\ i(4)$ à ce plan (181) ; c'est une parallèle à la perpendiculaire commune.

Pour construire celle-ci nous allons employer la deuxième méthode du n° 178, en déterminan le point où AB rencontre le plan DCI mené par CD parallèlement à la perpendiculaire commune, point qui est d'ailleurs (174) à l'intersection M de l'horizontale AB avec l'horizontale GM de même cote du plan DCI. La perpendiculaire commune est ensuite la parallèle $m(2)\,p(3)$ à $c(3)\,i(4)$. On vérifie l'exactitude des constructions en s'assurant qu'elle rencontre CD.

2° *L'une des droites est verticale.*

Soit à construire la perpendiculaire commune à la verticale dont la trace horizontale est o et à la droite $a(2)\,b(3)$ (*fig*. 237).

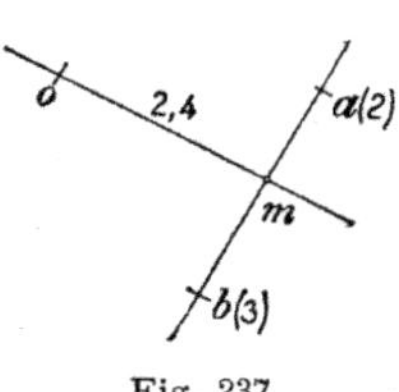

Fig. 237

Cette perpendiculaire commune devant rencontrer la verticale donnée et lui être perpendiculaire est une horizontale dont la projection passe par le point o ; en outre, puisqu'elle est horizontale, elle forme avec la deuxième droite AB un angle droit ayant l'un de ses côtés parallèle au plan de projection, et qui, par suite, se projette également suivant un angle droit ; autrement dit, la projection de la perpendiculaire commune est la perpendiculaire om à ab ; quant à sa cote, c'est celle du point M où elle rencontre AB, dans notre épure, environ 2, 4.

Puisque OM est une horizontale, la plus courte distance des deux droites est mesurée par om.

3° *Les projections des deux droites sont parallèles.*

Soit à construire la perpendiculaire commune aux deux droites

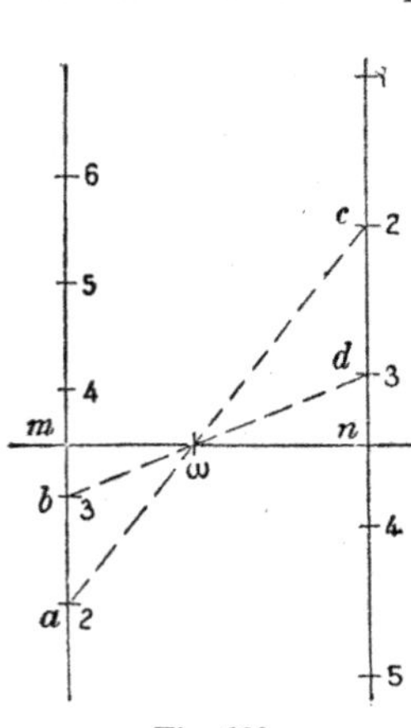

Fig. 238

$a(2)\,b(3)$ et $c(2)\,d(3)$, dont les projections ab et cd sont parallèles (*fig*. 238). Les plans verticaux projetant chacune des deux droites étant parallèles l'un à l'autre, la perpendiculaire commune est perpendiculaire à chacun de ces plans ; c'est donc une horizontale dont la projection est perpendiculaire à ab. Or nous avons vu (172) que les projections de toutes les horizontales s'appuyant sur les deux droites concourent en un point ω, que nous savons déterminer ; la perpendiculaire commune étant une de ces horizontales, sa projection est la perpendiculaire mn abaissée de ω sur ab, et on obtient sa cote en cherchant celle du point M où elle rencontre AB.

La plus courte distance des deux droites est *mn,* puisque la droite MN est une horizontale.

EXERCICES

1. Mener par un point donné une droite parallèle à un plan donné et orthogonale à une droite donnée.

2. Etant donnée la projection horizontale d'une droite passant par un point donné, construire la graduation de cette droite, sachant qu'elle est orthogonale à une droite donnée.

3. Étant donnée la projection d'une droite rencontrant à angle droit une droite donnée, construire la graduation de cette droite.

4. Mener par un point une droite de pente donnée orthogonale à une droite donnée. Discussion.

5. Mener par un point un plan de pente donnée perpendiculaire à un plan donné.

6. Reconnaître si deux plans donnés par leurs échelles de pente sont perpendiculaires.

7. Trouver la projection et la cote du sommet d'un trièdre trirectangle, connaissant les traces horizontales des arêtes de ce trièdre.

CHAPITRE V

RABATTEMENT D'UNE FIGURE PLANE

---

§ I.

Théorie du rabattement.

190. *Rabattre un plan sur un autre*, c'est faire tourner ce plan autour de son intersection avec le second, de manière à l'amener en coïncidence avec celui-ci. La droite d'intersection des deux plans est appelée la *charnière du rabattement*.

Nous étudierons seulement les rabattements sur les plans parallèles aux plans de projection ou sur les plans de projection eux-mêmes.

191. Problème. — *Rabattre un plan donné sur un plan horizontal.*

Soit à rabattre le plan P sur le plan horizontal H' (*fig.* 239) ; le problème qui se pose est le suivant :

Étant donné un point **M** *du plan* **P**, *trouver la projection horizontale m_1 de la nouvelle position* **M₁** *du point* **M**, *après le rabattement du plan* **P** *sur le plan* **H'**.

La charnière AB est ici une horizontale du plan P ; soit *ab* sa projection horizontale. Figurons la perpendiculaire Mμ' abaissée de M sur AB et soient μ' son pied, μ la projection horizontale de μ' : le point μ est évidemment situé sur *ab*. Désignons par *m'* et *m* les projections du point M sur les plans horizontaux H' et H ; le plan vertical projetant horizontalement Mμ' étant perpendiculaire sur AB, et par suite perpendiculaire aussi sur *ab*, ses traces

$m'\mu'$ et $m\mu$ sur les plans horizontaux H′ et H sont respectivement perpendiculaires à AB et à ab.

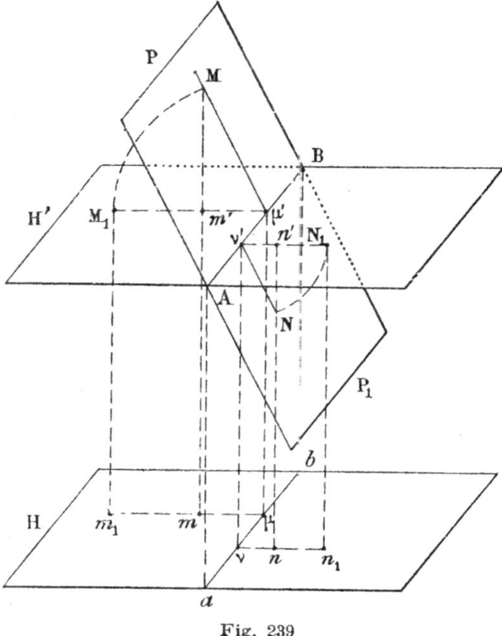

Fig. 239

Lorsqu'on fait tourner le plan P autour de la charnière AB, la droite $M\mu'$ reste toujours perpendiculaire à AB, et le point M décrit un arc de cercle de centre μ', dans le plan vertical $M\mu'm'$; par suite, après le rabattement, M vient sur $\mu'm'$, en un point M_1 tel que $M_1\mu' = M\mu'$. La projection horizontale de M_1 est donc le point m_1 de μm tel que l'on ait $m_1\mu = M_1\mu' = M\mu'$.

Si on remarque que $M\mu'$ est l'hypoténuse du triangle rectangle $M\mu'm'$, dans lequel les deux côtés de l'angle droit sont respectivement $m'\mu' = m\mu$, distance de la projection du point M à la projection de la charnière, et $m'M$, différence des cotes du point M et du plan H′, on a la règle suivante, dite *règle du triangle rectangle*:

192. Règle du triangle rectangle. — *Lorsqu'on rabat un plan P autour d'une de ses horizontales, la nouvelle projection horizontale d'un point M de ce plan, après le rabattement, se trouve sur la perpendiculaire menée de la projection horizontale du point M sur la projection horizontale de la charnière, à une distance de celle-ci égale à l'hypoténuse du triangle rectangle ayant pour côtés de l'angle droit, d'une part la distance de la projection horizontale du point à celle de la charnière, et d'autre part la différence entre les cotes du point et de la charnière.*

Remarque I. — Tous les points de la charnière coïncident avec leurs rabattements, et ce sont évidemment les seuls points jouissant de cette propriété.

REMARQUE II. — La circonférence de centre μ' et de rayon $\mu'M$ coupe $m'\mu'$ en un second point M_2, qui est aussi le rabattement du point M, en supposant qu'on rabatte le plan P sur H' par une rotation de sens inverse à celle qui a amené M en M_1.

Lorsqu'on a adopté un sens de rotation pour rabattre le plan P sur le plan horizontal H', il est évident que les différents points du plan se rabattent sur H' d'un côté ou de l'autre de la charnière AB, suivant qu'ils sont eux-mêmes d'un côté ou de l'autre de la charnière dans le plan P. Ainsi (*fig.* 239), les points M et N du plan P, situés de part et d'autre de AB viennent occuper, après le rabattement, deux positions M_1 et N_1, sises de part et d'autre de AB dans le plan H', et les projections horizontales m_1 et n_1 des points M_1 et N_1 sont elles-mêmes de part et d'autre de ab.

193. Exemple. — Soit à rabattre sur le plan horizontal de cote 2 le plan défini par le point $m(4,7)$ et l'horizontale $ab(2)$ (*fig.* 240). La charnière est ici l'horizontale donnée AB ; si on abaisse la perpendiculaire $m\mu$ sur ab, en vertu de la règle énoncée plus haut (192), la projection du point M, après le rabattement, se trouvera sur cette droite $m\mu$. D'autre part, si on mène la parallèle mm_2 à ab et qu'on porte sur cette parallèle une longueur mm_2 égale à $4,7 - 2 = 2,7$ unités

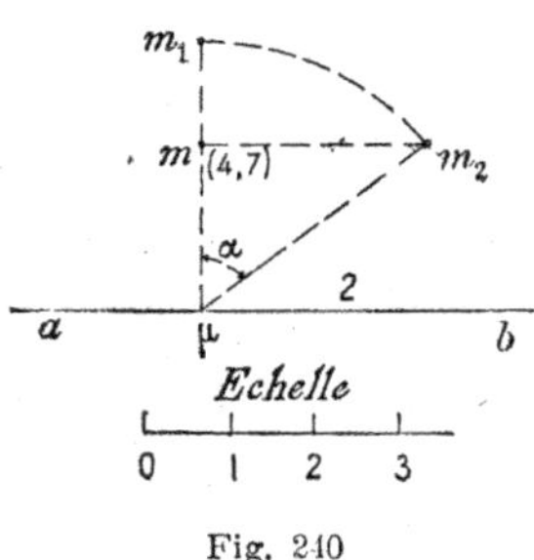

Fig. 240

de l'échelle du dessin, l'hypoténuse μm_2 du triangle rectangle $m\mu m_2$ est égale (192) à la distance à ab de la projection du point M après le rabattement ; on a donc cette projection m_1 en portant sur μm une longueur $\mu m_1 = \mu m_2$.

REMARQUE. — Le triangle de rabattement $m_2 m\mu$ du point M étant égal au triangle $M\mu'm'$ de l'espace (*fig.* 239), les angles $m\mu m_2$ et $M\mu'm'$ sont égaux, et comme ce dernier est l'angle aigu α du plan donné avec le plan horizontal (138), il en résulte que tous les triangles de rabattement des divers points d'un plan ont leurs angles aigus égaux, et sont par conséquent semblables entre eux.

194. Rabattement d'un plan vertical sur un plan horizontal.
— Soit, par exemple, à rabattre le plan vertical P sur le plan horizontal H′ (*fig.* 241). Le trian-

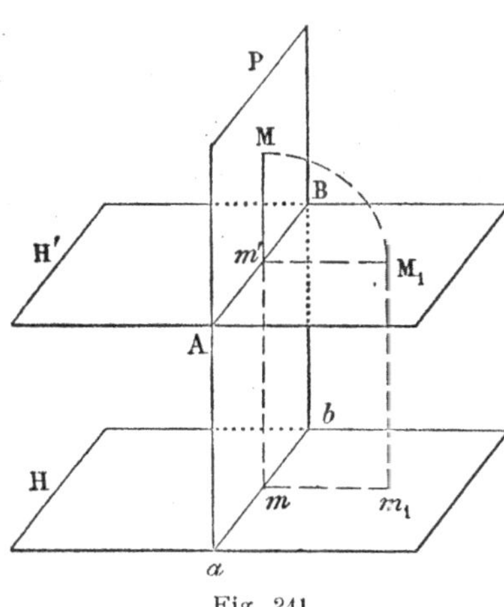

Fig. 241

gle rectangle de rabattement
n'existe plus, et si on conserve
les mêmes notations que dans
le cas d'un plan quelconque,
on voit que *la projection m_1
du point* M, *après le rabattement du plan* P, *se trouve
simplement sur la perpendiculaire élevée à la projection
horizontale ab de la charnière au point m, projection
horizontale du point* M_1, *à
une distance de ab égale à la
différence entre les cotes du
point et de la charnière.*

Dans ce cas, d'ailleurs,
m_1 est la projection verticale du point M dans une épure faite
en prenant comme plans de projection le plan horizontal H′ et le
plan vertical P lui-même.

195. Problème.— *Rabattre un plan donné sur un plan de front.*

Le problème à résoudre consiste à trouver la nouvelle projection verticale d'un point d'un plan donné, après qu'on a rabattu
ce plan sur un plan de front ou sur le plan vertical de projection.
La charnière est la droite de front intersection du plan donné
avec le plan de front sur lequel on fait le rabattement.

Par un raisonnement en tous points semblable à celui que
nous avons fait au n° 191, on est conduit à la règle suivante,
analogue à celle énoncée au n° 192 :

Lorsqu'on rabat un plan P *autour d'une de ses lignes de
front, la nouvelle projection verticale d'un point* M *de ce plan,
après le rabattement, se trouve sur la perpendiculaire menée de
la projection verticale du point* M *sur la projection verticale de
la charnière, à une distance de celle-ci égale à l'hypoténuse du
triangle rectangle ayant pour côtés de l'angle droit, d'une part
la distance de la projection verticale du point à celle de la
charnière, et d'autre part la différence des éloignements du
point* M *et de la charnière.*

Les remarques faites à la suite de la règle du n° 192 sont applicables aux rabattements sur les plans de front. On peut énoncer des résultats analogues à ceux du n° 194, relativement au rabattement d'un plan de bout sur un plan de front.

196. Problème. — *Rabattre sur un plan horizontal un plan donné par son échelle de pente.*

Soit à rabattre le plan P sur le plan horizontal de cote 2 ; la charnière est alors l'horizontale AB de cote 2 du plan P

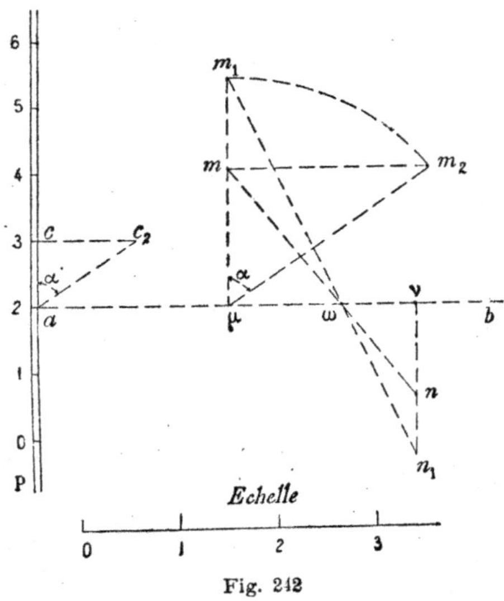

Fig. 242

(*fig.* 242). Pour rabattre un point quelconque M du plan P, connaissant sa projection horizontale m, on pourrait appliquer immédiatement, comme au n° 193, la règle du triangle rectangle, après avoir déterminé la cote de ce point, mais la détermination exacte de cette cote nécessitant des constructions assez longues, il est préférable de procéder différemment. Construisons d'abord le triangle de rabattement cac_2 du point $c(3)$ de l'échelle de pente, en portant sur la parallèle menée par c à la droite ab une longueur cc_2 égale à $3 - 2 = 1$ unité de l'échelle du dessin (193).

Puisque tous les triangles de rabattement des divers points du plan P sont semblables (193, Rem.), si on abaisse du point m la perpendiculaire $m\mu$ à ab, et si par son pied μ on mène la parallèle μm_2 à ac_2, en déterminant le point μ_2 où cette parallèle rencontre la parallèle mm_2 à ab, on aura construit le triangle de rabattement $m\mu m_2$ du point M ; la projection du rabattement du point M est ensuite le point m_1 obtenu en portant sur μm une longueur $\mu m_1 = \mu m_2$.

La longueur mm_2, mesurée à l'échelle du dessin, donne d'ailleurs la différence des cotes du point M et de la charnière, de sorte que la cote du point M est $2 + mm_2$.

Pour obtenir le rabattement d'un second point N du plan, on peut procéder de la même manière, mais la connaissance du rabattement de M peut être utilisée pour simplifier les constructions. En effet, soit n la projection du point N et ω le point où mn rencontre ab : ω est la projection du point de rencontre Ω de la droite MN avec la charnière AB, et ce point reste fixe pendant la rotation du plan P ; il en résulte que les trois points M_1, N_1, Ω sont rabattus suivant trois points M, N, Ω, en ligne droite, ou encore que la projection n_1 du point N_1 est située sur la droite ωm_1 ; or, d'après la règle du triangle rectangle, le point n_1 est aussi situé sur la perpendiculaire $n\nu$ abaissée de n sur ab, donc ce point est à l'intersection de $n\nu$ et de ωm_1.

REMARQUE. — Nous avons incidemment déterminé l'angle du plan P avec le plan horizontal ; en effet (139, 2°), cet angle est égal à l'angle $cac_2 = \alpha$.

197. Problème. — *Relever un plan rabattu sur un plan horizontal donné.*

Soit le plan P défini par une échelle de pente, qu'on a rabattu sur le plan horizontal de cote 2 (*fig.* 242). On se propose, connaissant la projection m_1 du rabattement du point M de ce plan, de trouver la projection m de ce point, c'est ce qu'on appelle *relever* le point M.

Construisons d'abord le triangle de rabattement cac_2 du point $c(3)$ de l'échelle de pente (196), puis abaissons du point m_1 la perpendiculaire $m_1\mu$ sur la projection horizontale ab de la charnière, et par le pied μ de cette perpendiculaire, menons la parallèle μm_2 à ac_2, sur laquelle nous portons la longueur $\mu m_2 = \mu m_1$, enfin, par le point m_2 ainsi obtenu, menons la parallèle $m_2 m$ à ab et marquons le point m où cette parallèle rencontre la droite μm_1 : m est la projection du point M, car il est évident que le triangle $m\mu m_2$ est le triangle de rabattement de ce point.

Ayant ainsi relevé un premier point du plan, les constructions nécessaires pour en relever d'autres points peuvent être simplifiées. Ainsi, soit à relever le point N dont le rabattement est projeté au point n_1 ; en faisant en sens inverse les constructions qui ont donné le point n_1 (196), on voit qu'il suffit de mener la droite $m_1 n_1$, de déterminer le point ω où cette droite rencontre ab, puis de mener la droite ωm et de marquer le point n où elle rencontre la perpendiculaire $n_1\nu$ à ab : n est la projection du point N.

§ II.

Projection d'un cercle.

198. On démontre en géométrie que la projection orthogonale d'un cercle sur un plan P est une ellipse ayant pour centre la projection du centre du cercle ; le grand axe de cette ellipse est la projection du diamètre du cercle parallèle au plan de projection, son petit axe est la projection du diamètre perpendiculaire aux horizontales du plan, c'est-à-dire dirigé suivant la ligne de plus grande pente passant par le centre du cercle.

199. Problème. — *Construire la projection horizontale d'un cercle défini par son plan, son centre et son rayon.*

Soient P le plan du cercle défini par une échelle de pente, $o(2)$ le centre de ce cercle, et R son rayon (*fig.* 243).

1° DÉTERMINATION DES SOMMETS DE L'ELLIPSE. — Rabattons le plan P sur le plan horizontal de cote 2 ; la charnière est alors l'horizontale DO passant par le centre du cercle, et dans le rabattement le centre est un point qui reste fixe ; il en résulte qu'après le rabattement, le cercle donné se projette en vraie grandeur suivant le cercle de centre o et de rayon R.

Le diamètre horizontal du cercle, étant dirigé suivant la charnière, reste invariable pendant le rabattement ; sa projection aa' est donc d'après ce que nous avons dit plus haut (198), en grandeur et position, le grand axe de l'ellipse.

Quant aux sommets du petit axe, on les obtiendra en relevant les extrémités du diamètre b_1b_1' perpendiculaire à aa' dans le cercle rabattu. Pour relever le point b_1, nous avons d'abord construit le triangle de rabattement def du point $e(3)$ de l'échelle de pente du plan, et nous en avons déduit, comme au n° 197, le relèvement b du point b_1, en construisant le triangle de rabattement bob_2 de ce point. Pour relever ensuite le point b_1', il suffit de prendre le symétrique b' de b par rapport au centre o; les sommets du petit axe de l'ellipse sont alors b et b', et les cotes des points du cercle donné projetés en ces points sont respectivement $2 + bb_2$ et $2 - bb_2$.

2° DÉTERMINATION D'UN POINT QUELCONQUE ET DE LA TANGENTE EN CE POINT. — Soit, par exemple, à déterminer la projection du point M du cercle, qui après le rabattement du plan P, se trouve projeté en m_1. Pour relever ce point, on peut utiliser (197) le relèvement du point b_1; on détermine d'abord le point ω où la droite

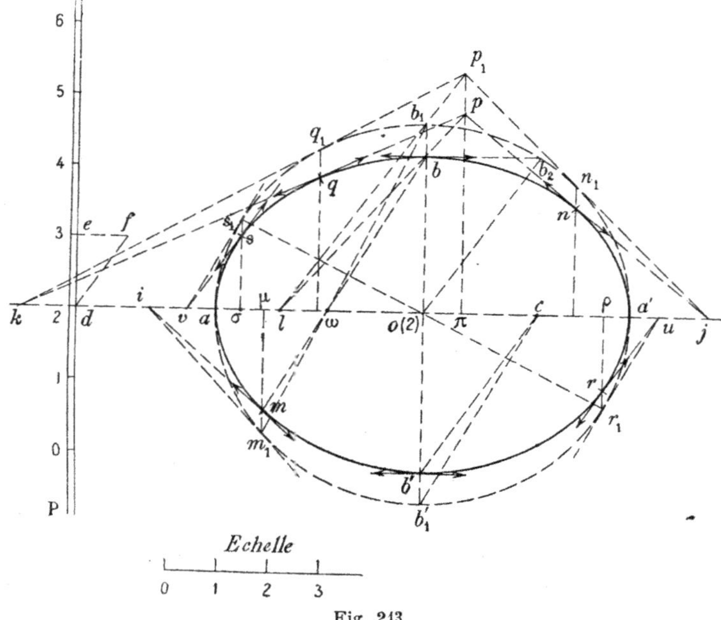

Fig. 213

$b_1 m_1$ rencontre la projection do de la charnière, et on mène ensuite la droite $b\omega$ qui rencontre la perpendiculaire $m_1\mu$ à do au point cherché m.

La tangente au cercle au point M se projette, après le rabattement du plan P, suivant la tangente $m_1 i$ au cercle rabattu ; elle rencontre la charnière au point I, projeté en i, d'où il suit que sa projection est mi ; la droite mi est alors la tangente à l'ellipse au point m (*).

(*) On démontre, en effet, que la tangente en un point quelconque M d'une courbe de l'espace se projette suivant la tangente à la projection de la courbe, au point m projection de M. Il n'y a d'exception que lorsque la tangente considérée est perpendiculaire au plan de projection.

3° TANGENTES ISSUES D'UN POINT DONNÉ. — Soit à mener au cercle les deux tangentes issues du point de son plan projeté horizontalement en p. Nous avons d'abord déterminé le rabattement p_1 de ce point en utilisant encore le rabattement du point b. Les deux tangentes cherchées sont alors rabattues suivant les tangentes $p_1 j$ et $p_1 k$, menées par le point p_1 au cercle rabattu, et leurs projections horizontales sont pj et pk. Les points de contact, rabattus en n_1 et q_1, se relèvent aux points n et q, qui sont les points de contact avec l'ellipse des droites pj et pk.

4° TANGENTES PARALLÈLES A UNE DIRECTION DONNÉE. — Soit à mener au cercle les tangentes parallèles à la droite du plan P dont la projection est $b'c$; on voit de suite que le rabattement de cette droite est $b_1'c$, de sorte que les tangentes cherchées sont rabattues suivant les tangentes ur_1 et vs_1, menées au cercle rabattu parallèlement à $b_1'c$; leurs projections sont donc les droites ur et vs menées par les points u et v parallèlement à $b'c$, et leurs points de contact, rabattus en r_1 et s_1, se relèvent aux points r et s. Les points r et s sont les points de contact avec l'ellipse des tangentes ur et vs.

EXERCICES

1. On donne les projections et les cotes des trois sommets d'un triangle ; déterminer les projections des bissectrices et des hauteurs de ce triangle.

2. Etant donnés dans un plan P deux points A et B par leurs projections cotées, construire la projection du carré, situé dans le plan P, dont A B est une diagonale.

3. On donne dans un plan P deux points O et A ; construire la projection de l'hexagone régulier du plan P ayant pour centre le point O, l'un des sommets de cet hexagone étant le point A.

4. On donne un cercle défini par son plan, son centre et son rayon ; mener dans ce cercle une corde de longueur donnée passant par un point donné dans son plan.

5. Construire les projections des centres d'homothétie et de l'axe radical de deux cercles situés dans un plan donné P, chacun étant défini par son centre et son rayon.

6. Déterminer la projection d'une droite située dans un plan P et sur laquelle deux cercles de ce plan, définis par leurs centres et leurs rayons, interceptent des cordes de longueurs données.

CHAPITRE VI

ÉTUDE SOMMAIRE DE LA SPHÈRE

Représentation de la sphère.

200. Contour apparent horizontal. — On appelle *contour apparent horizontal* d'un sphère de centre *o* le grand cercle de contact de cette sphère et du cylindre circonscrit à génératrices

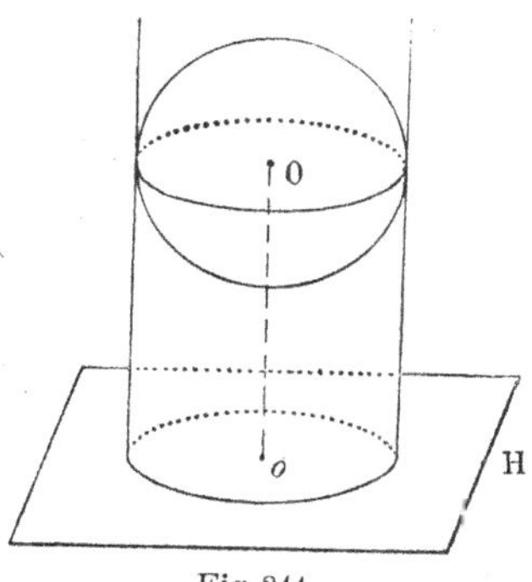

Fig 244.

verticales (*fig.* 244) (*). Ce grand cercle est donc situé dans le plan horizontal passant par le centre de la sphère ; par suite, il se projette horizontalement en vraie grandeur suivant un cercle de rayon égal à celui de la sphère, et ayant pour centre la projection du centre de la sphère.

La projection horizontale du contour apparent horizontal d'une sphère est appelée le *contour apparent en projection.*

En chaque point de son contour apparent horizontal, le plan tangent à une sphère est vertical, puisqu'il coïncide avec le plan tangent au cylindre vertical circonscrit.

Si on imagine l'œil de l'observateur rejeté à l'infini dans la direction des verticales, au-dessus du plan horizontal, il est évi-

----

(*) Nous supposons connues du lecteur les propriétés élémentaires de la sphère, étudiées dans le cours de géométrie.

dent que le faisceau des rayons visuels frappant la surface de la sphère est compris à l'intérieur du cylindre circonscrit vertical ; et des deux hémisphères séparés par le contour apparent horizon_ tal, l'observateur voit seulement celui qui est au-dessus du plan de contour apparent. Le contour apparent horizontal d'une sphère sépare donc, sur la surface de cette sphère, la région des points vus et la région des points cachés, ou encore : *un point de la surface d'une sphère n'est vu que si sa cote est supérieure à celle du centre.*

Pour représenter une sphère, en géométrie cotée, on trace le contour apparent en projection, qui, comme nous l'avons vu, est un cercle, et à côté de la lettre qui désigne le centre de ce cercle, on inscrit la cote du centre de la sphère. La sphère est de cette façon complètement définie dans l'espace ; ainsi la figure 245 est l'épure de la sphère ayant pour centre le point $o(5,6)$ et pour rayon le rayon du cercle C.

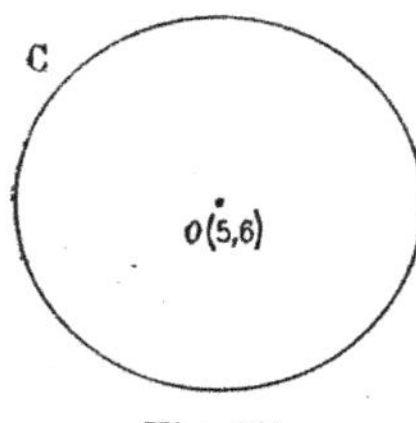

Fig. 245

Tout point de la surface de la sphère se projette à l'intérieur du contour apparent en projection, car la projetante de ce point est intérieure au cylindre circonscrit vertical.

201. Parallèles horizontaux. — On nomme *parallèles hori- zontaux* d'une sphère les cercles d'intersection de cette sphère avec les différents plans horizontaux coupant la sphère.

Par chaque point de la sphère passe évidemment un parallèle horizontal, qui est le cercle d'intersection de la sphère par le plan horizontal contenant le point donné.

Le rayon d'un parallèle horizontal est égal au deuxième côté de l'angle droit d'un triangle rectangle ayant pour hypoténuse le rayon de la sphère et pour premier côté de l'angle droit la différence entre les cotes du parallèle et du centre de la sphère ; c'est une consé- quence immédiate de la formule

$$r^2 = R^2 - d^2,$$

qui lie le rayon R d'une sphère, le rayon r d'un petit cercle et la distance d du plan de ce petit cercle au centre de la sphère.

D'après leur définition, les parallèles horizontaux se projettent horizontalement en vraie grandeur suivant des cercles concentri- ques au contour apparent en projection.

202. Problème. — *Une sphère étant donnée par son centre et*

son rayon, déterminer la cote d'un point de la sphère, con-
naissant sa projection horizontale et construire le plan tangent
en ce point.

Soit $o(3)$ le centre de la sphère et C son contour apparent en
projection (*fig. 246*); nous nous proposons de chercher la cote
du point de cette sphère projeté en m (à l'intérieur du cercle C).

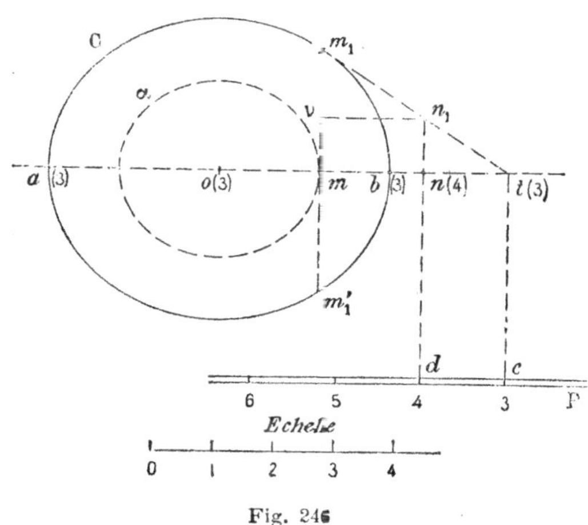

Fig. 246

Pour cela, consi-
dérons le plan
vertical déterminé
par le centre de la
sphère et le point
cherché M, plan
dont la trace hori-
zontale est om. Ce
plan passant par
O, coupe la sphère
suivant un grand
cercle Γ qui con-
tient le point M
et rencontre le
contour apparent
horizontal aux ex-
trémités A et B du
diamètre horizontal de la sphère projeté suivant om. Si on rabat
alors le plan vertical om sur le plan horizontal de cote 3, la charnière est l'horizontale AB et le grand cercle Γ vient, après le
rabattement, coïncider avec le contour apparent horizontal dont la
projection est le cercle C. Le point M, appartenant au cercle Γ,
se rabat d'une part sur C, et d'autre part sur la perpendiculaire
élevée en m à la projection ab de la charnière (194); cette perpendiculaire rencontrant _e cercle C en deux points m_1 et m'_1,
symétriques par rapport à ab, il y a deux point M et M' de la
sphère projetés en m et les cotes de ces points sont respectivement
$3 + mm_1$ et $3 - mm_1$ (195), l'une supérieure, l'autre inférieure à
celle du centre de la sphère.

Soit à trouver maintenant le plan tangent en l'un de ces points,
par exemple au point M, rabattu en m_1, et dont la cote est
$3 + mm_1$. Ce plan étant perpendiculaire au rayon OM, son échelle
de pente P est parallèle à om (179). Il contient en particulier la
tangente en M au grand cercle Γ, tangente rabattue en $m_1 t'$
dont la projection est ml, et qui rencontre la charnière au point

$t(3)$. Le point N de cote 4 sur cette tangente est rabattu en n_1 à l'intersection de m_1t et de la parallèle vn_1 menée à ab à une distance égale à l'unité de l'échelle du dessin, du même côté que le point m_1, et sa projection n s'obtient en abaissant la perpendiculaire n_1n sur ab. On peut alors tracer les projections tc et nd des horizontales de cotes 3 et 4 du plan tangent cherché et graduer ensuite l'échelle de pente P de ce plan.

REMARQUE. — Le problème précédent peut encore s'énoncer : *Trouver les points d'intersection d'une sphère avec une verticale.*

203. Problème. — *Déterminer la cote d'un parallèle horizontal d'une sphère donnée, connaissant sa projection.*

Soit la sphère de centre $o(3)$ dont le contour apparent est le cercle C, en projection (*fig.* 246). Proposons-nous de déterminer la cote du parallèle horizontal projeté suivant le cercle α concentrique à C. Il suffit de chercher la cote d'un point quelconque M de ce parallèle, de sorte qu'on est ramené au problème précédent.

On peut encore faire le raisonnement suivant, un peu plus simple. Menons la tangente mm_1 en un point quelconque m du cercle α, et soit m_1 l'un des points où cette tangente rencontre C ; dans le triangle rectangle omm_1 l'hypoténuse om_1 est égale au rayon de la sphère, l'un des côtés de l'angle droit, om, est le rayon du parallèle ; donc (201) le deuxième côté de l'angle droit mm_1 est égal à la différence entre les cotes du parallèle et du centre de la sphère. La cote cherchée est donc soit $3 + mm_1$, soit $3 - mm_1$, de sorte qu'il y a deux parallèles de la sphère donnée projetés suivant le cercle α.

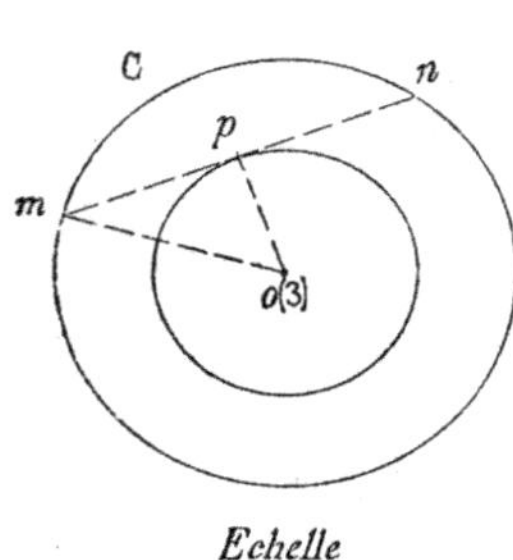

Echelle

0   1   2   3

Fig. 247

204. Problème. — *Construire la projection d'un parallèle horizontal d'une sphère donnée, connaissant sa cote.*

Étant donnée la sphère de centre $o(3)$ et dont le contour apparent en projection est le cercle C (*fig.* 247), proposons-nous de construire la projection du parallèle horizontal de cote 5,6. La différence entre les cotes de ce parallèle et du centre de la sphère est $5,6 - 3 = 2,6$; traçons alors une corde mn du cercle C ayant pour longueur $2 \times 2,6 = 5$ unités 2 dixièmes de l'échelle du dessin, et soit p le milieu de cette corde ; le parallèle donné se projette suivant le cercle de centre o et de rayon op ; en effet, dans le triangle rectangle opm, l'hypoténuse om est égale au rayon de la sphère, l'un des côtés de l'angle droit mp est, par construction, égal à la différence des cotes du parallèle et du centre de la sphère, donc (201) le troisième côté op est égal au rayon du parallèle.

§ II.

Intersection d'une droite et d'une sphère.

205. La méthode générale pour trouver les points communs à une sphère et à une droite consiste à faire passer par la droite un plan auxiliaire qui coupe la sphère suivant un cercle, et à déterminer ensuite les points de rencontre de la droite et de ce cercle.

Première méthode. — Soit à trouver les points d'intersection de la droite $a(1)\,b(2)$ avec la sphère de centre $o(4)$ dont le contour

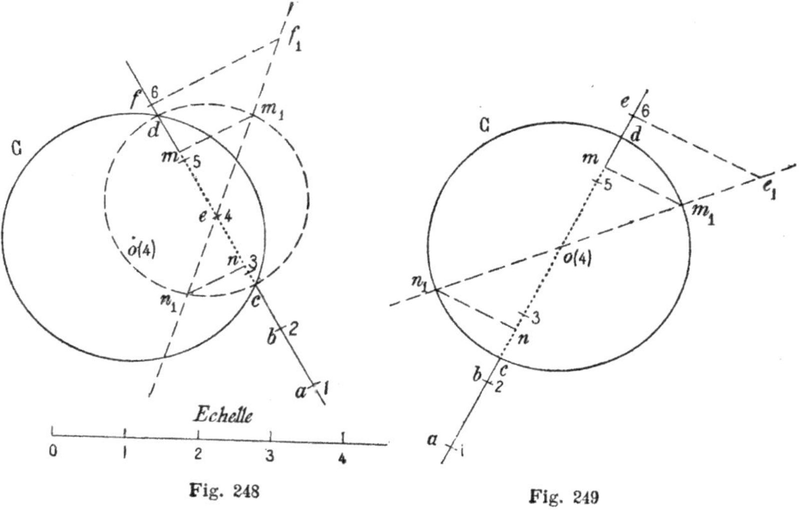

Fig. 248

Fig. 249

apparent en projection est le cercle C (*fig.* 248). Considérons le plan vertical ab projetant horizontalement la droite donnée ; il coupe la sphère suivant un petit cercle ayant pour diamètre la droite CD, dans le plan du contour apparent horizontal.

Lorsqu'on rabat ce plan sur le plan horizontal de cote 4, en le faisant tourner autour de l'horizontale CD comme charnière, le petit cercle est rabattu en vraie grandeur suivant le cercle décrit sur cd comme diamètre. Le point $e(4)$ de la droite donnée reste fixe puisqu'il est sur la charnière, et le point $f(6)$ se rabat en f_1 sur la perpendiculaire élevée en f à cd et à une distance de cd égale à $6 - 4 = 2$ unités de l'échelle du dessin (193). La droite rabattue ef_1 rencontre le cercle rabattu aux points m_1 et n_1 qui se relèvent aux points cherchés projetés en m et n, et ayant respectivement pour cotes $4 + mm_1$ et $4 - nn_1$.

Lorsque la droite donnée passe par le centre de la sphère (*fig.* 249), le plan vertical qui la projette horizontalement coupe la sphère suivant un grand cercle qui, dans le rabattement autour de l'horizontale CD de cote 4, vient coïncider avec le contour apparent horizontal projeté en C; les constructions sont alors légèrement simplifiées.

Deuxième méthode. — Soit encore à trouver les points d'intersection de la droite $a(1)$ $b(2)$ avec la sphère de centre $o(4)$, dont le contour apparent en projection est le cercle C (*fig.* 250).

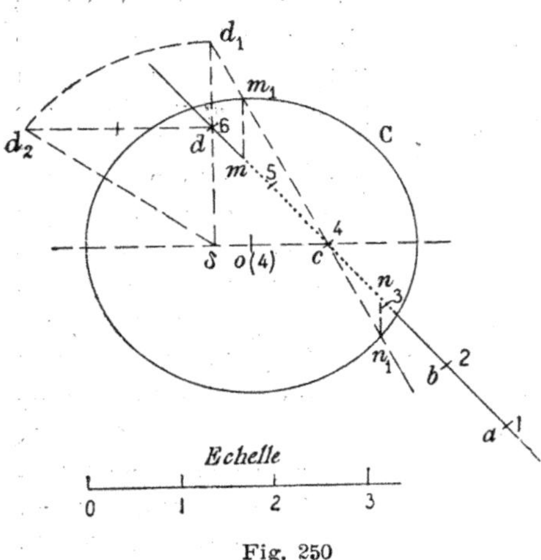

Fig. 250

Prenons comme plan auxiliaire le plan déterminé par la droite donnée AB et le point O, plan qui coupe la sphère suivant un grand cercle. Rabattons ce plan sur le plan horizontal de cote 4, en le faisant tourner autour de l'horizontale $o(4)$ $c(4)$ comme charnière ; le grand cercle vient coïncider, après le rabattement, avec le contour apparent horizontal de la sphère. Le point de rencontre $c(4)$ de AB avec la charnière reste invariable, et le point $d(6)$ se rabat au point d_1, obtenu par la méthode ordinaire (193), de sorte que le rabattement de la droite AB est cd_1. Cette droite cd_1 rencontre le cercle C aux points m_1 et n_1, rabattements des points cherchés, qu'on relève en m et n sur ab. Les cotes de ces points s'obtiennent ensuite en les considérant comme appartenant à la droite AB.

§ III.

Plans tangents à la sphère.

206. Problème. — *Mener à une sphère un plan tangent parallèle à un plan donné.*

Soit la sphère de centre $o(4)$ et dont le contour apparent en projection est le cercle C (*fig.* 251); proposons-nous de mener à cette sphère un plan tangent parallèle au plan P. Supposons le problème résolu et désignons le plan tangent cherché par Q, son point de contact étant M ; le rayon OM est perpendiculaire au plan Q et par suite au plan P, de sorte que le point M est un des points de rencontre de la sphère avec la perpendiculaire abaissée de son centre sur le plan P. La projection de cette perpendiculaire est la parallèle og menée par le point $o(4)$ à l'échelle de pente donnée P ; son intervalle étant bc (180), il est facile d'obtenir, par exemple, le point $e(5)$ de cette perpendiculaire. En rabattant le plan vertical oe sur le plan de contour apparent horizontal de la sphère, nous avons déterminé les rabattements m_1 et n_1 des points où elle rencontre la sphère ; on en déduit immédiatement

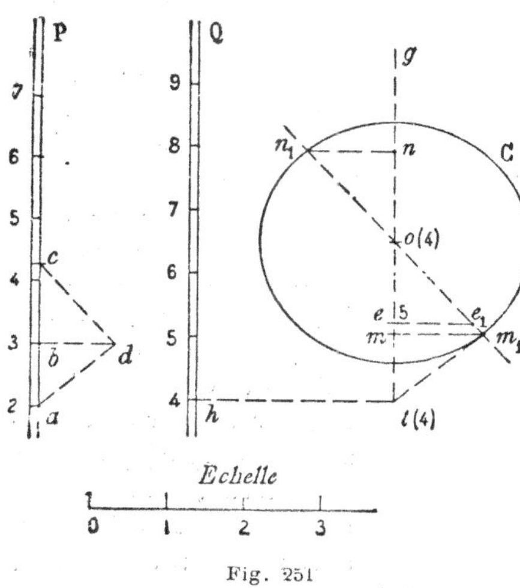

Échelle

Fig. 251

leurs projections m et n, ainsi que leurs cotes $4 + mm_1$ et $4 - nn_1$.

Il ne reste plus qu'à construire l'horizontale *ht*(4) du plan tangent en celui de ces points qui est projeté en *m*, pour pouvoir figurer une échelle de pente Q de ce plan, parallèle au plan P.

207. Problème. — *Mener par une droite donnée un plan tangent à une sphère donnée.*

Solution géométrique. — Supposons le problème résolu et soit P un plan passant par la droite donnée AB et touchant la sphère

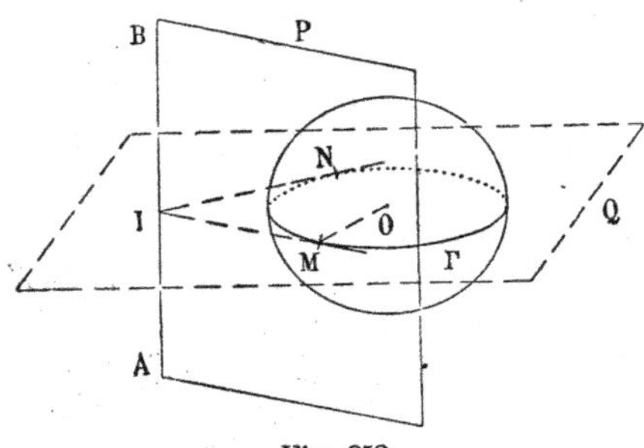

Fig. 252

O au point M. Le rayon OM, perpendiculaire à P est perpendiculaire à AB, qui est une droite du plan P ; donc, par OM on peut faire passer un plan Q perpendiculaire à AB. Ce plan Q rencontre AB au point I et coupe la sphère suivant un grand cercle Γ passant par le point M, la tangente en ce point étant d'ailleurs la droite IM. On en conclut que pour avoir le plan tangent cherché, il faut mener par le centre de la sphère le plan perpendiculaire à AB, déterminer le point de rencontre I de ce plan et de la droite AB, ainsi que le grand cercle Γ suivant lequel il coupe la sphère, et enfin par le point I mener une tangente IM au cercle Γ ; cette tangente détermine avec AB le plan tangent demandé.

Pour que le problème soit possible, il faut qu'on puisse mener par le point I des tangentes au cercle Γ, c'est-à-dire que le point I soit extérieur au cercle Γ et par suite extérieur à la sphère. Comme I est le point de AB le plus rapproché de O, cela revient à dire que la droite AB ne doit pas couper la sphère. Le problème admet alors deux solutions données par les deux tangentes IM et IN menées du point I au cercle Γ.

Solution graphique. — Soit à mener par la droite *a*(3) *b*(4) un plan tangent à la sphère définie par son centre *o*(4) et la projection C de son contour apparent horizontal (*fig.* 253).

Pour construire le plan Q mené par $o(4)$ perpendiculairement à la droite donnée et obtenir le point I où il rencontre cette droite, nous avons appliqué la méthode indiquée au n° 183.

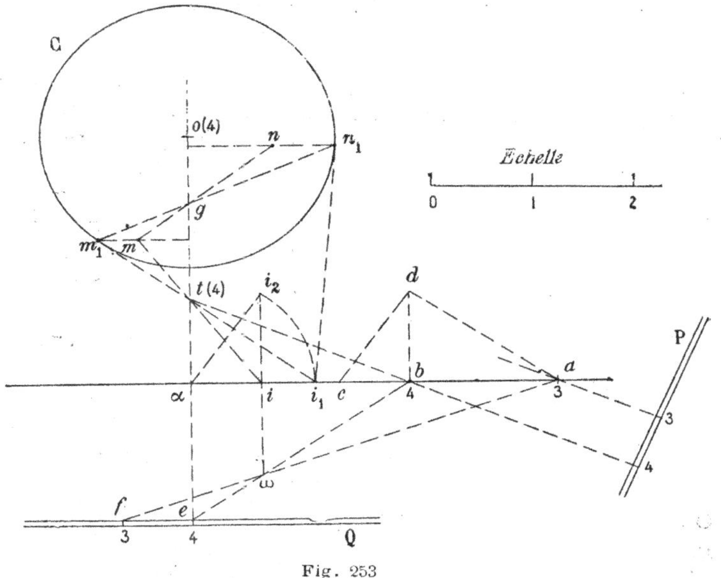

Fig. 253

Lorsqu'on rabat ensuite le plan Q sur le plan horizontal de cote 4 en le faisant tourner autour de l'horizontale $o(4)$ $e(4)$, le grand cercle Γ d'intersection de ce plan et de la sphère est rabattu suivant le contour apparent horizontal C; pour rabattre le point I, on remarque que le triangle rectangle dbc, déjà construit, est semblable aux triangles de rabattement des différents points du plan Q, de sorte qu'en menant par le point α où ab rencontre oe, la parallèle $αi_2$ à cd jusqu'au point i_2, où elle rencontre $ωi$, et en portant sur $αi$ la longueur $αi_1 = αi_2$, on a en i_1 le rabattement du point I. Les tangentes issues du point I au grand cercle Γ sont rabattues suivant les tangentes i_1m_1 et i_1n_1 au cercle; la première, par exemple, rencontre la charnière au point $t(4)$ et se relève, par conséquent, en it; son point de contact M, rabattu en m_1, se relève en m, et la cote de ce point s'obtient en le considé-rant comme appartenant au plan Q. L'un des plans tangents cher-chés est donc défini par les droites AB et IT, la direction de ses horizontales est *bt* et il est aisé d'en déduire une échelle de pente P.

Pour avoir le relèvement du point de contact de la deuxième tangente au cercle Γ issue du point I, comme la droite $i_1 n_1$ ne rencontrait pas la charnière dans les limites de l'épure, nous avons utilisé le relèvement du point m_1, et nous avons ainsi obtenu en n la projection du point de contact du deuxième plan tangent.

EXERCICES

1. Trouver les points d'intersection d'une horizontale donnée avec une sphère donnée.

2. Mener à une sphère un plan tangent perpendiculaire à une droite donnée.

3. Mener à une sphère un plan tangent de pente donnée parallèle à une droite donnée. Nombre de solutions.

4. Mener, par un point donné, un plan tangent à une sphère, parallèle à une direction donnée.

5. Mener, par un point donné, un plan tangent à une sphère, perpendiculaire à un plan donné.

TABLE DES MATIÈRES

—

DEUXIÈME PARTIE

GÉOMÉTRIE COTÉE

Bar-le-Duc. — Imprimerie Comte-Jacquet, FACDOUEL, Dir.

EXTRAIT DU CATALOGUE

DE LA

LIBRAIRIE VUIBERT ET NONY

63, Boulevard Saint-Germain, **PARIS**, 5ᵉ.

MANUELS DU NOUVEAU BACCALAURÉAT

conformes aux programmes du 31 mai 1902 (volumes 16/11ᶜᵐ).

Première Partie.

Histoire moderne, par H. Hauser. Vol. br. . . . . 1 fr. »
Géographie (France et Colonies), par H. Hauser. Vol. br. . . 1 fr. 25
Histoire moderne et Géographie, par H. Hauser. Cart. toile 2 fr. »
Physique (*Latin-Sciences, Sciences-Langues*), par L. Boisard. Vol. cart. toile , ... 3 fr. »

Deuxième Partie.

Philosophie (*Série Philosophie*), par M. P. Janet, professeur au Collège de France. — Vol. cart. toile . . . . 3 fr. 50
Histoire contemporaine, par H. Hauser. Br. . . . . . . 1 fr. »
Philosophie et Histoire (*Série Philosophie*), par MM. Janet et Hauser. — Vol. cart. toile . . . . 4 fr. »
Histoire naturelle, par E. Caustier, professeur agrégé au lycée Condorcet. . . . . 3 fr. 50
Philosophie (*Série Mathématiques*), par P. Janet. — Volume broché . . . . 1 fr. 25
Philosophie et Histoire (*Série Mathématiques*), par MM. Janet et Hauser. — Vol. cart. toile. . . . . 2 fr. »

Les autres volumes sont sous presse.

Annales des baccalauréats scientifiques. — Vol. 18/12ᶜᵐ. Chaque année depuis 1894 , ... 2 fr. 75

Biographies d'hommes illustres, à l'usage des candidats aux écoles et aux baccalauréats, par J. Joran, professeur d'histoire au collège Stanislas. — Un vol. 20/13ᶜᵐ, 2ᵉ édition . . . . 2 fr. »
Choix de Lectures *morales, patriotiques, scientifiques*, à l'usage des candidats aux écoles militaires, par R. Suérus, agrégé d'histoire et E. Jullien, licencié ès lettres. — Un vol. 22/14ᶜᵐ de 448 pages, relié toile. 4 fr. »
Composition française (La) *au Baccalauréat*, par F. Lhomme, professeur agrégé au lycée Janson de Sailly, et Edouard Petit, docteur ès lettres, inspecteur général de l'instruction publique. — Un vol. 22/14ᶜᵐ de 600 pages, renfermant plus de 2000 sujets, un très grand nombre de plans et de développements, copies d'élèves avec conseils, indications de lectures, etc., 3ᵉ édition . . . . 4 fr. »
Compositions françaises (Recueil de) *sur des sujets tirés de l'histoire moderne*, à l'usage des candidats au baccalauréat et à Saint-Cyr, par J. Joran, professeur au collège Stanislas. — 3ᵉ édition renfermant 371 textes proposés (discours, lettres, narrations, dissertations), 62 développements, 154 plans et de nombreuses copies de candidats offrant d'utiles objets de comparaison aux élèves. — Vol. 22/14ᶜᵐ de 456 pages, 3ᵉ édition. . . . . 4 fr. »
Histoire contemporaine, à l'usage des classes de Philosophie et Mathématiques A et B, et des candidats au baccalauréat et à Saint-Cyr (Progr. du 28 juillet 1905). — Fort vol. 19/13ᶜᵐ, cart. toile . . . . . . 5 fr. »

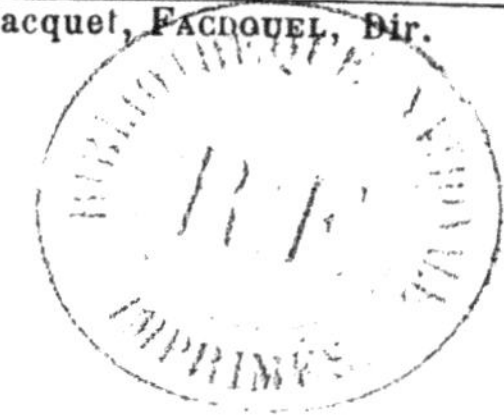